U0303572

清华科史哲丛书

复杂性的科学哲学探索
（修订版）

吴彤 著

商务印书馆
The Commercial Press

图书在版编目(CIP)数据

复杂性的科学哲学探索/吴彤著.—修订本.—北京:
商务印书馆,2021(2023.7重印)
(清华科史哲丛书)
ISBN 978-7-100-19588-1

Ⅰ.①复… Ⅱ.①吴… Ⅲ.①复杂性—科学哲
学—研究 Ⅳ.①N02

中国版本图书馆 CIP 数据核字(2021)第 034636 号

清华科史哲丛书
复杂性的科学哲学探索
(修订版)
吴彤 著

商 务 印 书 馆 出 版
(北京王府井大街 36 号 邮政编码 100710)
商 务 印 书 馆 发 行
北京虎彩文化传播有限公司印刷
ISBN 978-7-100-19588-1

2021 年 5 月第 1 版　　　　开本 880×1230 1/32
2023 年 7 月北京第 2 次印刷　印张 9¾
定价:52.00 元

我相信,21 世纪将是复杂性的世纪。

——史蒂芬·霍金

复杂性理论是"科学的下一个主要推动力"。

——彼特·卡罗瑟斯

人们越来越同意,复杂性是我们生活的世界的一个关键特征,也是共同栖居在这个世界上的系统的关键特征。

——西蒙(司马贺):《人工科学——复杂性面面观》

总　　序

　　科学技术史(简称科技史)与科学技术哲学(简称科技哲学)是两个有着内在亲缘关系的领域,均以科学技术为研究对象,都在20世纪发展成为独立的学科。在以科学技术为对象的诸多人文研究和社会研究中,它们发挥了学术核心的作用。"科史哲"是对它们的合称。科学哲学家拉卡托斯说得好:"没有科学史的科学哲学是空洞的,没有科学哲学的科学史是盲目的。"清华大学科学史系于2017年5月成立,将科技史与科技哲学均纳入自己的学术研究范围。科史哲联体发展,将成为清华科学史系的一大特色。

　　中国的"科学技术史"学科属于理学一级学科,与国际上通常将科技史列为历史学科的情况不太一样。由于特定的历史原因,中国科技史学科的主要研究力量集中在中国古代科技史,而研究队伍又主要集中在中国科学院下属的自然科学史研究所,因此,在20世纪80年代制定学科目录的过程中,很自然地将科技史列为理学学科。这种学科归属还反映了学科发展阶段的整体滞后。从国际科技史学科的发展历史看,科技史经历了一个由"分科史"向"综合史"、由理学性质向史学性质、由"科学家的科学史"向"科学史家的科学史"的转变。西方发达国家在20世纪五六十年代完成了这种转变,出现了第一代职业科学史家。而直到20世纪末,我国科技史界提出了学科再建制的口号,才把上述"转变"提上日程。在外部制度建设方面,再建制的任务主要是将学科阵地由中国科学院自然科学史研究所向其他机构特别是高等院校扩展,在越来越多的高校建立科学史系和科技史学科点。在内部制度建设方面,再建制的任务是由分科史走向综合史,由学科内史走向思想史与社会史,由中国古代科技史走向世界科技史特别是西方科技史。

科技哲学的学科建设面临的是另一些问题。作为哲学二级学科的"科技哲学"过去叫"自然辩证法",但从目前实际涵盖的研究领域来看,它既不能等同于"科学哲学"(Philosophy of Science),也无法等同于"科学哲学和技术哲学"(Philosophy of Science and of Technology)。事实上,它包罗了各种以"科学技术"为研究对象的学科,是一个学科群、问题域。科技哲学面临的主要问题是,如何在广阔无边的问题域中建立学科规范和学术标准。

本丛书将主要收录清华师生在西方科技史、中国科技史、科学哲学与技术哲学、科学技术与社会、科学传播学与科学博物馆学五大领域的研究性专著。我们希望本丛书的出版能够有助于推进中国科技史和科技哲学的学科建设,也希望学界同行和读者不吝赐教,帮助我们出好这套丛书。

吴国盛

2018 年 12 月于清华新斋

目　　录

引　言 …………………………………………………………… 1

　　一、复杂性：正在发生和被解读的革命 ……………… 1

　　二、到了在哲学上研究复杂性概念的时候 …………… 8

　　三、本书结构安排 …………………………………… 18

第一章　复杂性是什么？ ……………………………… 21

　　一、自然语言中的复杂性 …………………………… 21

　　二、自然科学中确切的复杂性概念 ………………… 26

　　三、对科尔莫哥洛夫复杂性概念的种种误读 ……… 31

　　四、其他关于复杂性概念的研究 …………………… 52

第二章　复杂性的实在论研究 ………………………… 70

　　一、复杂性概念所指称的实在 ……………………… 70

　　二、复杂实在的测度与理论评价 …………………… 73

　　三、目前复杂性研究中可以得出的关于实在论的

　　　　观点 ………………………………………………… 77

　　四、复杂实在的各种属性 …………………………… 79

　　五、实在中的复杂性与简单性 …………………… 129

　　六、复杂实在演化研究仍然存在的问题 ………… 139

第三章　复杂性的认识论研究…………………………… 142

　　一、一般人类认识活动的认识复杂性…………… 142

　　二、基于主体间性的认识复杂性………………… 158

　　三、认识复杂性研究的问题……………………… 173

第四章　复杂性的方法论研究…………………………… 177

　　一、复杂性研究的方法论意蕴…………………… 177

　　二、测度复杂性程度、掌控复杂性的方法 ……… 180

　　三、建基于实验或者历史案例的实践隐喻方法…… 185

　　四、基于行动而不是基于理解的试错模拟实践

　　　　方法………………………………………… 203

　　五、基于形象的概念绘图映射方法……………… 212

　　六、复杂性研究方法的研究程序和实践特征……… 216

第五章　复杂性的科学哲学观…………………………… 225

　　一、复杂性的说明与预测………………………… 225

　　二、科学知识的地方性特性:复杂性研究提供的

　　　　支持………………………………………… 236

　　三、多样性和反对现代性叙事:后现代的复杂性

　　　　研究………………………………………… 244

第六章　复杂性的社会论研究…………………………… 251

　　一、SSK 和科学实践研究意义的复杂性的社会

　　　　探索历程…………………………………… 251

　　二、复杂性与社会思潮…………………………… 259

　　三、复杂性与社会治理…………………………… 266

　　四、复杂性与国际政治…………………………… 274

附录:破碎的系统观 ………………………………… 280

　一、中国系统观基本观点及其问题 ……………… 281

　二、科学实践哲学和新经验主义对于大系统观的

　　　批判 …………………………………………… 284

　三、破碎的地方性系统观之要义 ………………… 288

参考文献 ………………………………………………… 291

后　　记 ………………………………………………… 299

引　言

一、复杂性：正在发生和被解读的革命

正如每个世纪都有自己的技术特征一样，每个世纪也都有自己的思想特征。例如，19 世纪在技术上被称为电气世纪，在思想特征上则被德国著名物理学家波尔兹曼称为"机械自然观"的世纪。20 世纪在技术上是一个电子信息的世纪，而其思想特征是什么？更进一步，进入 21 世纪，复杂性思想和复杂性科学在各个领域的研究不仅没有减弱，而且还在增强与扩展，它给 21 世纪的思想与技术特征带来了什么影响？

20 世纪发生过至少一次科学理论、方法和思想方面的革命。例如，20 世纪初发生的相对论和量子力学取代牛顿经典科学的革命就是最著名的一次革命。然而，在这个世纪即将结束时，我们发现将把我们带入 21 世纪的最重要的思想仍然具有革命性，这次革命性的思想却是关于复杂性的思想。虽然这场革命还未完结，还在不断深化，但是建立起来的关于复杂性的新认识的思想也许是 20 世纪区别于以往世纪的最重要的思想特征，也许是 20 世纪的人类进入 21 世纪的最重要的思想特征。例如，斯蒂芬·霍金就曾

经在 20 世纪末记者访问他时指出:"我相信,21 世纪将是复杂性的世纪。"

如果从这个思想革命的源头追溯,可以把 20 世纪 40—50 年代贝塔朗菲、维纳、申农等人创立的一般系统论、控制论、信息论等理论看作复杂性思想发展的 20 世纪先驱,而把普里戈金、哈肯、托姆、艾根等人创立的耗散结构论(1969)、协同学(1969—1971)、突变论(1972)和超循环论(1971)看作这场思想革命大军中探索复杂性的开路先锋,而洛伦兹、约克、梅(May)、曼德布罗特等人创立的浑沌理论(70—80 年代)和分形理论(70—80 年代)则是复杂性系统思想革命的主力军之一了。

20 世纪 40—50 年代产生的一般系统论、控制论、信息论等理论首先打破了机械的线性思维观点,建立了不同因素相互作用的影响绝不是简单相加的观点,对信息内含的多重意义的渐次发现、对反馈作用的新认识和整体大于部分之和的思想已经真正深入人心——虽然两千年前亚里士多德就说过此话。

而 20 世纪 70—80 年代产生的耗散结构论、协同学、突变论和超循环论则探索了复杂性产生的环境条件、动力、途径、耦合等问题。这些理论表明,在一定条件下,体系内通过各个要素相互竞争并相互合作,能够从无序和混乱中自发、自主地产生秩序;秩序一旦形成,不同层次的演化便超循环地相互缠绕起来,又加强了秩序本身;通过渐进与突跃,通过不同层次的相互嵌套,复杂性从简单中产生出来,而秩序也从混乱中诞生出来。科学家发现了越来越多的复杂性特性。例如,人们可以把复杂性做如下比喻:复杂性是一只蝴蝶在巴西扇动翅膀,一个月后可能在美国某州引起龙卷风的所谓"蝴蝶效应";复杂性是在不同度量尺度下海岸线具有长度不同的特性;复杂性也是整体的新特性无法归结给组成整体的部分的突现属性;复杂性还是宏观模式与微观子系统的相互作用;复杂性更是一种非整数维数(即所谓分形维数)和自相似的无穷嵌套;如此等等。复杂性于是开始与简单性一样进入思维领域,也日渐成为日常语言的一部分。有许多专栏作者、记者也加入到传播、阐释复杂性思想的行列,詹姆斯·格莱克的《混沌:开创新科学》成了世界性畅销书;沃尔德罗普的《复杂》也为中国人所了解,写作关于复杂性思想者心路历程的他们就像"部落的巫师",使得艰深的复杂性走下自然科学和工程技术的圣坛,带着一种美丽的神秘而为世人所了解、欣赏。

在这场复杂性思想的革命中,使得复杂性能够被剖析的,并且成为振荡人心的重要事件的,还首推从不同角度但殊途同归的一批发现浑沌现象和分形特性的科学家,他们可以排列出一大串名字。例如,在数学上发现简单的确定性迭代方程在一定条件下具有内在不确定性即"周期三则乱七八糟(chaos)"的著名数学家约克和李天岩,通过马蹄形迭代产生复杂性的数学家梅,在气象研究方面发现复杂性系统对初值变化极端敏感性的"蝴蝶效应"的气象学家洛伦兹,通过研究英国海岸线有多长而找到用"分形"概念和方法描述非规则事物的分形几何学创始人、数学家曼德布洛特,找到通过倍周期方式发生浑沌的普适常数的物理学家费根鲍姆……

其次,在这场复杂性的革命中,做出主要贡献的科学家和思想家,也同样值得我们尊敬、追随和宣传。其中,美国圣菲研究所的一批又一批的科学家发挥了重要作用和影响。例如，霍兰等人提出涌现概念，提出了适应性造就复杂性的思想；阿瑟等人研究了经济学中的路径依赖思想、报酬递增思想，创造了新的复杂性经济学框架；圣菲研究所关于元胞自动机和人工生命的探索，创造了新的计算机模拟方法，打开了复杂性研究的新视野……总之，复杂性思想的提出是一种会聚的过程，就像百川归海一样。至少有两个图示可以说明这种会聚。第一，涌现概念的提出实际上来自多种学科（图1）。第二个例子是复杂性学科研究的会聚（图2）。

　　在第一个例子中，始于一般系统论的系统动力学构成了自组织系统中涌现思想的一个路径，自组织临界性的研究构成了第二个研究涌现的路径。然后是由三个研究构成的第四个通往涌现的路径（突变理论、动力学系统理论、分形几何学）。第五个路径是由固态/凝聚态物理学与演化生物学的研究构成并且演化成为复杂适应系统研究（CAS），进而成为涌现研究的路径之一。再后，是系统理论中的控制论与信息论的共同影响，其中控制论产生了两个分支，其一是演化系统与自生成的研究；另一个是人工智能研究，其人工智能研究与信息论影响的算法复杂性结合共同产生了计算理论（实际上是算法的计算复杂性理论），进而形成了涌现的第六个研究路径。博弈论影响的神经网络的研究，形成了涌现的第七个研究路径。协同学单独形成了涌现的第八个研究路径。最后是信息论影响下的远离平衡态热力学形成的涌现路径。

　　在第二个例子中，它们通常来自四个方面。第一，系统科学（系统科学传统和自组织理论簇）包括一般系统论（贝塔郎菲）、控制论（维纳）、信息论（申农）。第二，自组织理论包括耗散结构论

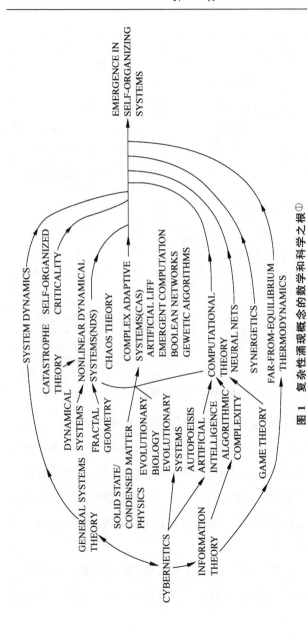

图 1　复杂性涌现概念的数学和科学之根①

① Jeffrey Goldstein, Emergence as a Construct: History and Issues, *Emergence*, 1999, Vol. 1, Issue, 1, pp. 49-72. 该示意图是该文献的图 2, 它表达了在自组织系统中涌现概念的来源。

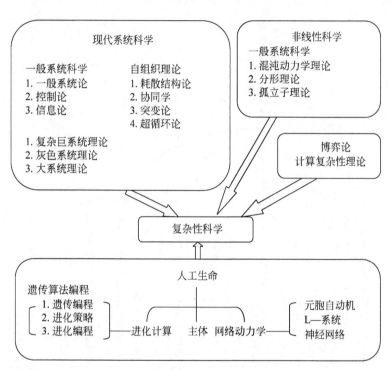

图 2　复杂性学科研究的会聚

（普里戈金）、协同学（哈肯）、突变论（托姆）、超循环论（艾根等），也包括中国学者创立的大系统理论、灰色系统理论、复杂巨系统理论（以钱学森为代表）。第三，非线性科学包括混沌理论（洛伦兹等）、分形理论（曼德布罗特）、孤立子理论。第四，是数学和计算机科学（博弈论和计算复杂性理论）和遗传算法和人工生命研究（以圣菲研究所为主）（图 2）。

　　当然，复杂性思想的演化不仅有汇聚，而且有新的分岔与发散。进入 21 世纪，复杂性思想在各个学科的研究中得到了新的发展与运用，同时也产生了新的特性。复杂性变得越来越复杂。它在多个路径上演化与发展，对多个学科产生着越来越强烈、越来越重要的影响。例如，始于 2016 年的人工智能研究与利用的热潮，其基础理论就有重要的复杂性算法等方面。

20 世纪 70 年代以前，人们总认为，简单系统行为一定简单，复杂系统行为一定意味着复杂的原因，这可能是本体上的一种考虑；而人们词汇中的复杂常常是认识能力不足的代名词或避难所，这后面的思想则是认识论意义上的。不是吗？大家想想，我们不是常说某某事情太复杂了，从而至少给现在不去探索找到了一种托辞。

现在一切全变了，在这二十年间，物理学家、数学家、生物学家和天文学家创立了另外一套思想。简单系统能够产生出复杂行为，复杂系统也能够产生简单行为。事物通过分层、分叉和分支，然后被某种发展所锁定，然后再被放大，于是一种原来谁也没有当回事儿的小事演化成为趋势、时尚，演化成为不可一世的状态。非线性的发展或演化过程就是这样神奇而不可预测。想想我们自己的发展，我们每一个人都可以在自己身上找到分岔、混沌发展、不可预测的影子。一个孩子儿时梦想成为科学家，成人后却成为足球先生。一个贫穷至极的人可以成为富翁，一个富翁也可能顷刻之间成为乞丐，这样的例子不是比比皆是吗？！人们发现，问题就出在时间之箭上，如果一个政府今天设法减少了出生率，那么十年以后就会影响到学校的大小和多少，二十年以后就会影响到国家的劳动力，三十年以后就会影响到下一代的人口，六十年以后就会影响到退休的人数，甚至社会的结构。决定论中也存在内在的貌似随机的行为，这就是演化复杂性的一种特定属性。初始状态失之毫厘，最终状态就会谬以千里。初始状态微小的差别随系统的演化越变越大。极其简单的动力规律能够导致极其复杂的行为表现，譬如无数细小的碎片所产生的整体美感，或无数翻沫所形成的汹涌的河流。羊齿草、喀斯特地貌、地老天荒的宇宙、纳米级的微小世界，以及属于生命的血管与心脏、大自然的河流与闪电，它们就是这样演化成为复杂的样态的。而运用计算机科学技术和分形理论的方法，今天的科学家已可以初步模拟出这些复杂事物的样态。

事实上，近二十年来，混沌理论和分形理论已经动摇了传统经典科学的根基。复杂性的探索使人们认识到，这个世界并不稳定，它充满了解构和结构、发散和内聚以及复杂系统自我组织的内聚性进化、动荡和令人震惊的事情。

世界是可以预测的又是不可预测的，复杂性正在被解读，这些就是复杂性思想的研究者给我们留下的一个未竟的结论。复杂性的研究还远远未完成，复杂性的革命也还在进行。跨入 21 世纪的人类将在 20 世纪人类思想巨人的肩头，高举复杂性认识论和方法论的火炬，照亮 21 世纪的思想时空，开拓和探索极为复杂的新处女地。

二、到了在哲学上研究复杂性概念的时候

过去，复杂性是日常语言中一个认识的避难所，凡是不好认识、难以认识的东西，我们常常一言以蔽之，归结为它太复杂了。

这实际上是一种以认识论观念遮蔽本体论事物的认识与做法。今天,复杂性成为自然科学和工程技术领域中一个使用频率极高的科学词汇。在 *Encyclopaedia Britannica* 中(2010 年前),至少有 878 个条目 962 处涉及"复杂性",除了一些条目涉及研究复杂性问题的人物外,它几乎没有不涉及的领域;另外有 98 个条目 213 处涉及"非线性",6 处涉及"分形"。① 国际上还有专门的"复杂性"研究杂志(*Journal of Complexity*)②,它的研究领域主要包括应用数学、数字分析、近似理论、代数方程系统、微分方程、最优化、控制理论、决策理论、实验设计、分布计算、景象和图像理解、信息理论、预测和估算、地球物理学、统计学、经济学等。另外,在 INSPEC 资讯、物理、电机工程尖端科技数据库中,从 1969 年到 1999 年关于"复杂性与简单性"的条目出现了 748 处,"复杂性和非线性"出现了 2598 处。而 1999 年的《科学》(*Science*),几乎成为关注"复杂性"研究的专辑,其中包括了"太阳系外混沌的起源"(*Science*,March 19,1999)、"流线型复杂性"(*Science*,March 19,1999,生态学领域)③、"复杂性和神经系统"(*Science*,April 2,1999)、"化学中的复杂性"(*Science*,April 2,1999)、"混沌后的生命"(*Science*,April 2,1999)、"生物信号系统中的复杂性"(*Science*,April 2,1999)、"复杂性与经济学"(*Science*,April 2,1999)、"复杂性、图式和动物聚合中的进化性平衡"(*Science*,April 2,1999)、"来自复杂性的简单教训"(*Science*,April 2,1999)、"复杂

---

① http://www.eb.com.
② http://www.apnet.com.
③ *Science*,March 19,1999.

性与气候"（*Science*，April 2，1999）、"自然地形中的复杂性"
（*Science*，April 2，1999）[①]、"宇宙的分形是什么？"（*Science*，April
16，1999）[②]、"生命的第四维：分形几何和机体组织的变异标度"
（*Science*，June 16，1999）[③]等研究论文，此外还包括了一些有关
"复杂性"的通信、评论以及有关计算复杂性的文章。郝柏林院士
指出，美国国会图书馆 1975—1999 年 2 月 25 日入藏书目中光标
题里含"complexity"一词的就有 489 种。其中涉及算法复杂性、
计算复杂性、生物复杂性、生态复杂性、演化复杂性、发育复杂性、
语法复杂性，乃至经济复杂性、社会复杂性等。[④]通过雅虎搜索引
擎，我们发现复杂性的各种网络资源有 1 660 665 处（其中有重
复）。[⑤] 2020 年在中国知网上以"复杂性"为主题词查阅，就有 477
146 个结果，而以"复杂性"为篇名查阅有 74 707 个结果。

　　根据图 3 及其相关网络资源，复杂性科学的研究从上个世纪
以来到现在，已经形成了五条基本进路。

　　一是以动力学系统理论开始的研究进路。其先驱是牛顿与彭
加勒，先后出现了"动力系统理论"（米利都，1960 年代，包括《增长
的极限》、全球化等）、"分形几何学"（曼德布罗特，1970 年代）、"混
沌理论"（约克、李天岩、费根鲍姆、洛伦兹等，1970—1980 年代）、"非
线性系统"[胡布勒（Hubler）等，1970—1980 年代]、复杂系统中的物

　　①　*Science*，April 2，1999.
　　②　*Science*，April 16，1999.
　　③　*Science*，June 16，1999.
　　④　郝柏林："复杂性的刻画与'复杂性科学'"，《科学》1999 年第 3 期。
　　⑤　http://www.yahoo.com.

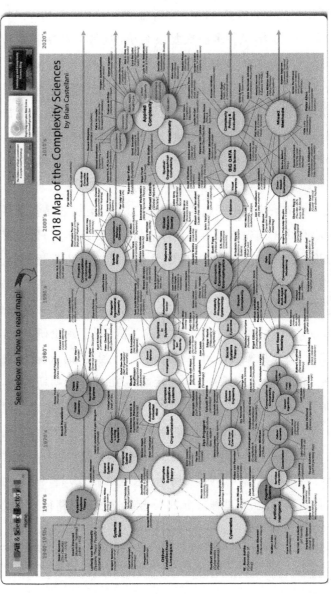

图 3　复杂性科学的地图①

① 图片来源：http://www.art-sciencefactory.com/complexity-map_feb09.html，2020-05-18.

理学计算[J. 克拉奇菲尔德、P. M. A. 斯路特(J. Crutchfield，P. M. A. Sloot)等，1990 年代]、多层次复杂系统[佩尔·勒特施泰特(Per Lötstedt)等，2000—2010 年代]。

　　二是以系统科学开始的研究进路。其先驱是贝塔郎菲、贝特森、拉波波特、鲍尔丁等(1940—1950 年代)，在 1970 年代发展出"一般系统理论""生态系统理论"和"复杂的活系统理论"研究，进入 1990 年代发展出"管理组织复杂性"研究，在 1990—2000 年代发展出"系统生态学"与"计算生态学与化学"。

　　三是以复杂系统理论开始的研究进路。实际上，这是复杂性研究的中心路线。其先驱是韦沃(W. Weaver，1960 年代)以及第二条研究进路的影响。到 1970 年代，发展出"自组织"[普里戈金、詹奇(自组织的宇宙)、帕克(自组织临界性)、哈肯]、"自生成"/"涉身心智"[瓦雷拉与马图拉纳、罗施(E. H. Rosch)、汤普森(Evan Thompson)][①]，1970 年代后期形成"复杂适应系统"理论研究(普里戈金、哈肯、盖尔曼等)，1980 年代形成关于"涌现"的认识(考夫曼、盖尔曼、哈肯等)，以及 1980 年代后期到 1990 年代初期的"标度/自相似""Swarm 行为""系统动力学""稳定/控制"等概念与理论的研究，2000 年代开始出现"网络科学"[其研究贡献者众多，比较突出的有卡斯特(著有《网络社会三部曲》)、瓦兹(Watts，建立小世界概念与研究)、巴拉巴西(发明无标度网络概念)]和"全球网络社会"(如沃勒斯坦、尤里等)，至 2010 年代这条研究路径上又发

――――――――――

　　①　提出"自生成"(Autopoiesis)概念的这几位学者，后来对于认知科学有重要的贡献。其中瓦雷拉与马图拉纳也是前一个研究进路中"复杂活系统"(Complex Living Systems)概念和理论的提出者。

展出"空间/地理复杂性"研究、"交错性"(Intersectionality)研究以及"应用复杂性研究"(Applied Complexity,其中应用领域或对象包括生物系统工程、创新技术、公共医疗卫生、城市复杂性、环境可持续性、教育)。

四是以控制论为先导的研究进路。20世纪40—50年代发展起来的"控制论"是这条研究进路的先导,其中做出重要贡献的如维纳、阿什比、申农等人。这条进路到1970年代发展出"二阶控制论"[海因茨·冯·福斯特(Heinz von Foerster)、杰伊·弗雷斯特(Jay Forrester)],到1970年代后期发展出"系统科学与工程"[杰伊·弗雷斯特(Jay Forrester)、乔治·克莱尔(George Klir)等],到1980年代发展出两个与社会有关的理论研究,即"社会系统理论"[塔尔科特·帕森斯(Talcott Parsons)、尼古拉斯·卢曼(Niklas Luhmann)、戴博拉·哈蒙德(Deborah Hammond)等]、"社会控制论"[弗朗西斯科·帕拉-卢娜(Francisco Parra-Luna)、塔尔科特·帕森斯(Talcott Parsons)、尼古拉斯·卢曼(Niklas Luhmann)等]。到1990年代几乎同时在这条进路上发展出三个不同领域的复杂性研究,它们分别是:(1)复杂性的哲学与认识论研究[其贡献者有:埃德加·莫兰(复杂性哲学)、保罗·西利亚斯(复杂性哲学)、布鲁诺·拉图尔(行动者网络)、戴维·伯恩(复杂性实在论与基于案例建模)、米尔塔·伽莱希吉(Mirta Galesic,人类社会动力学)、约翰·史密斯(John Smith,定性复杂性研究)];[①](2)社

---

①　这个复杂性哲学研究进路缺失几个重要学者,其中有美国匹兹堡大学资深教授雷舍尔。他有专著从哲学上讨论与研究复杂性。我们将在第一章讨论他的工作。另外还有德国复杂性研究学会前主席迈因策尔,我们后面也会进行讨论。

会复杂性研究[其贡献者有：奈杰尔·吉尔伯特(Nigel Gilbert,复杂性的计算社会学)、伊丽莎白·E.布洛克(Elizabeth E. Bruch,社会网络、定性复杂性研究等)]；(3)经济复杂性与金融物理学(其贡献者包括哈耶克等多个学者,最近这个方面发展出关于因果关系的多结构模型,解释力颇强)。到 2000 年后期这条进路发展出"e-科学""虚拟复杂性"等研究领域,到 2010 年代发展出"大数据(数据科学)",2010 年代中后期发展出"复杂性政策与演化研究"(其研究者众多,不再一一列举了,请查阅"复杂性图谱")。

五是以人工智能研究开始的进路。其实,这是一条与复杂性和系统科学相关的人工智能与认知科学研究进路。在 1960 年代,其先驱者有沃尔特·皮兹(Walter Pitts,1923—1969)、弗兰克·罗森布罗茨(Frank Rosenblatt)与沃伦·麦卡洛克(Warren McCulloch)[①]、马文·明斯基(Marvin Minsky)、赫伯特·西蒙(Herbert Simon)、Péter Érdi[②]、约翰·冯·诺依曼(John von Neumann)等。接着,在 1960 年代中期,认知科学开始发展起来,其创始人按照这个复杂性图谱有诺姆·乔姆斯基(Noam Chomsky)、Péter Érdi、马文·明斯基等;接近 1970 年代初期,随后在这个路径上又很快发展出"符号学与语言学"[乔姆斯基、罗伯

---

① 其中最有影响的就是沃伦·麦卡洛克(Warren McCulloch)和沃尔特·皮兹(Walter Pitts)在 1943 年撰写的论文《神经活动内在观念的逻辑演算》。

② Péter Érdi(匈牙利文),匈牙利科学家,2008 年在斯普林格出版了 *Complexity Explained*。

特·霍奇(Robert Hodge)〕;到 1970 年代,Teuvo Kohnen[1] 提出
了联结主义(Connectionism),1970 年代中期,元胞自动机概念与
研究工作被提出(冯·诺依曼的"数学理论"、斯蒂芬·沃尔夫冈的
"元胞自动机"概念、约翰·康威的"生命博弈");随后,1970 年代
后期计算复杂性理论提出,对此做出重要贡献的科学家有安德
烈·科尔莫哥洛夫(Andrei Kolmogorov,俄罗斯数学家,复杂性
与信息理论)、斯蒂芬·沃尔夫冈、查尔斯·H. 本内特(Charles.
H. Bennett,量子计算)、斯蒂芬·阿瑟·库克(Stephen A. Cook,加
拿大科学家,可计算性与计算复杂性)、Hector Zenil(算法复杂性);
在计算复杂性理论的基础上,又催生出相关的概念与研究,如遗传
算法(约翰·霍兰德,John Holland)、模糊逻辑〔奠基者为洛菲·A.
扎德(Lotfi. A. Zadeh),发展者为巴特·科斯科(Bart Kosko)〕与人
工生命研究〔奠基者为克里斯托弗·兰顿(Christopher Langton)〕;
到 1980 年代后期这一路径发展出基于行动者的建模研究(贡献者
有:奈杰尔·吉尔伯特的计算社会系统、约书亚·爱泼斯坦与罗伯
特·阿克斯泰尔的人工社会、罗伯特·阿克塞尔罗德的迭代博弈
理论、托马斯·C.谢林的微观动机/宏观行为、弗拉米尼奥·斯克
兹尼的社会-经济学、伊丽莎白·布洛克的社会复杂性)。[2] 进入

---

[1]　Teuvo Kohnen 按照复杂性图谱的链接介绍,是芬兰科学院的荣休教授。2001
年出版了《自组织地图》(*Self-organizing Maps*),1960 年代就曾经提出神经计算-分
布式的基本理论。

[2]　其中托马斯·C.谢林(Thomas C. Schelling)是 2005 年诺贝尔经济学奖得主,
因其以博弈理论改进了人们对于合作与冲突的理解;特别是罗伯特·阿克塞尔罗德
(Robert Axelrod)运用计算机程序进行多次迭代,告诉人们囚徒困境如果是多次博弈
和一次博弈有什么差异,从而对合作的复杂性有很好的理解。

1990 年代,此条路径首先发展出"计算建模"研究以及相关的两个"机器人学"与"数据挖掘"研究。到 2000 年代初期,这条进路又发展出"基于案例的复杂性"。到 2010 年代,此路径发展出"混合研究方法"(Mixed Methods),这些工作与研究既与复杂性相关,又与人工智能相关。其后面的工作不再赘述,请参见复杂性图谱。

　　复杂性的研究在自然科学和工程技术领域已经轰轰烈烈地展开,在这些路径中也多少镶嵌着一些哲学研究。那么是否到了在哲学上更为集中地分析和研究复杂性的时候了呢? 我们知道,科学哲学把科学作为自己的对象进行哲学和文化的研究,但是以往的传统科学哲学都是把成熟的科学作为自己的研究对象。而在传统科学哲学看来,复杂性研究并不是成熟的科学,它的概念多达 50—60 种,这本身就表明,复杂性研究甚至还没有统一成为一种统一的科学。另一方面,科学哲学是否能够研究这种不统一、不完善且在建构过程中的科学?

　　传统科学哲学由于立足于逻辑和表征,它把科学仅仅看成是知识的体系,它仅仅想重建科学的逻辑构成,它是表征主义的科学哲学、理论优位的科学哲学。因此,在传统科学哲学看来,复杂性这种正在建设过程中还未形成体系的学术和技术研究,还处在实践探究中的科学活动状态,不能成为科学哲学的研究对象。

　　但是,在科学实践哲学看来,只要把科学看成为一种实践活动,采取实践优位的观点看待科学,那么越是具有实践活动特征的科学活动,那么就越具有分析和理解的价值。因为其中可以看到科学家和工程师是如何建构它,从而看到探究的实践活动是如何参与科学,建构我们身处其中的世界的。因此,在科学实践哲学看来,类似复杂性这种科学研究则提供了丰富的实践研究范例。未成熟的科学作为真实的、还未脱掉实践脚手架的科学活动,能够更清晰地表现出实践特性,便于我们从中发现科学的实践维度是如何决定性地对科学知识的建构发挥作用。

对未成熟科学进行科学哲学研究,还对科学哲学的另类发展具有特殊意义。我们知道,以往的科学哲学是以成熟的科学特别是物理学为分析基础而建立起来的。这样的科学哲学,特别是逻辑实证主义的科学哲学从中受益匪浅。然而,物理学只是科学的各种形态之一,生物学就与其不同。从事生物学科学哲学研究的学者也在试图突破以物理学哲学的科学哲学模式,而复杂性科学研究的境况则在两个方面可以成为科学哲学研究突破物理学科学哲学模式的一种范例。第一,它具有多样性,甚至被称为后现代思潮的科学基础,如果复杂性研究本身的各个复杂性概念在本质上不具有统一性,同时又在各个学科研究中具有不可或缺的作用,那么它就为科学哲学建立了一个容纳多样性的科学范例,而以它为基础建立起来的新科学哲学也就具有多样化认同的特性,它就突破了本质主义、基础主义的限制。第二,它的建构性在过程研究中不断涌现,可以把来自科学实践的知识建构的真实面貌较好地呈现出来,打破表征主义的科学哲学樊篱。

很明显,这两个意义都依赖于对科学的复杂性概念的解读,也与复杂性研究视野面对的对象领域的复杂认知视角有密切关系。

例如,我们对于本体论意义的实在看法,如果从复杂性研究的视角看,则与传统科学形成许多不同的认识;复杂性研究以认知代价测度复杂对象的认知进路也极具方法论意义。复杂性研究在计算机结合分形理论进行模拟探究的过程中,进行各种试错的实践方法,对于科学实践哲学的启示也同样是不言而喻的。

复杂性研究肩负重任,是到了在哲学上认真、细致和深刻分析它的时候了。其实这个任务不可能一蹴而就,应该是 21 世纪,甚至是 22 世纪、23 世纪思想界和科学界的基本任务。

三、本书结构安排

引　言　主要介绍复杂性在当代发展带来的重要变化,对各种复杂性研究进行批判性反思。力图结合新的科学实践哲学阐述复杂性科学研究的演化和发展。概述全书结构,作为一种引读的导引。

第一章　复杂性是什么？主要从自然语言的复杂性和自然科学和工程技术领域的复杂性概念以及社会科学领域的复杂性概念介绍入手,给出了各种复杂性概念的含义,比较了各民族日常语言中复杂性概念的语义境况,详细地分析了复杂性概念的各种特性和哲学意蕴。

第二章　复杂性的实在论研究。讨论了复杂性科学研究中的实在属性和认识以及对科学实在论研究的意义,它包括结构复杂性、功能复杂性、演化复杂性、关系复杂性等与实在论有关的认知问题。提出了多元结构和关系并存的演化生成实在论观点。

第三章　复杂性的认识论研究。讨论了复杂性给认识论带来的变革,主要以算法复杂性、计算复杂性为基础,研究了这种复杂性内“代价”“成本”和“深度”的含义,及其对认识论的重要意义。

特别是复杂性研究通过测度问题的方法实践给予认识与对象关系的新理解意义。

第四章　复杂性的方法论研究。探讨了复杂性研究中所使用的各种方法及其方法论含义，特别是模拟和试错方法的科学实践哲学意义，以及隐喻方法、模拟方法、概念绘图映射等的方法论意蕴。

第五章　复杂性的科学哲学观。讨论了复杂性研究对于科学哲学经典问题解决的意义，复杂性研究的叙事说明方式和复杂性科学知识的地方性知识特征，这种多样化的学科综合研究范式对于科学哲学说明方式变革的意义，以及对于新实验主义和科学实践哲学发展的意义。

第六章　复杂性的社会论研究。以复杂性思想探讨当代社会演化的复杂性问题。主要是复杂性概念、认识和方法论的社会应用研究，如知识经济条件下的知识管理、社会治理和国际关系的观点。

全书贯穿了一种从复杂性本身研究复杂性的观点，同时也贯穿了一种以新的科学实践哲学研究复杂性科学研究的特征。本书的观点力图避开已有的一些关于复杂性研究的著作的写作套路，我们不想也不是去做一个全面的复杂性研究的概述。例如，在方法论研究部分，我们并没有讨论复杂性方法论的还原论与整体论的关系，也没有讨论包含在复杂性研究中的全部方法，而是挑选了一些典型的方法进行讨论，最主要的是研究了我们所认为的复杂性研究的方法论特性。

我一再认为，写作著作本身就是自组织的过程。如果我把原来想好的写作提纲列出来,大家一定会看到本书的完成与开始的提纲相差甚远。但是,这种自组织如果是更好地表达了复杂性研究的过程、概念和方法,以及复杂性研究的科学哲学思想,那么这种自组织是更加有序的,复杂性研究是多样性的,复杂性研究的主旨也是后现代的。但是写作需要组织文本的秩序。我希望这种秩序能够引导读者理解复杂性是什么,以及复杂性研究的魅力和复杂性研究背后的哲学意蕴。

第一章 复杂性是什么?

许多不了解自然科学中复杂性各种概念的人,在研究复杂性本性和讨论复杂性特征时,经常要么是在日常语言的意义上谈论复杂性问题,要么就把复杂性推向神秘,使之成为不可言说的东西,或者使用许多"新"词把复杂性神秘化。因此,为了了解复杂性,就必须了解自然语言中的复杂性概念,了解自然科学和工程技术领域是如何界定和使用复杂性概念的。只有在这个基础上,我们才有可能分析真正的复杂性,而不是"伪复杂性",才有可能在真正哲学的意义上讨论"复杂性"。

一、自然语言中的复杂性

从现象入手分析复杂性问题,首先涉及两个问题。第一,不同民族在语词上是如何理解"复杂性"的。第二,复杂性现象应该如何认识和对待,如何从日常语言使用和直觉开始考虑复杂性问题。

让我们首先分析不同民族的"复杂性"语词。

在现代汉语的词典中,没有"复杂性"这个名词,只有"复杂"这个形容词。而且"复杂"是一个复合词,由"复"和"杂"两个字组成。①

简体"复"甲　　金　　篆

繁体"復"　　　"複"

"杂"篆

"复"的词源:原始时代的居民,经历过由山中穴居到平原半穴居的阶段。这种半穴居,是在平地挖坑,上覆以茅草斜顶,人居坑中,而于坑中的两侧凿有供人上下出入的台阶。甲骨文的复字,其上部即像这种两侧带上下台阶的半穴居址的俯视形,其从止(趾),表示人出入居室之意。其本义为往返、返回。

"复",《说文解字》(第112页)、《康熙字典》(第263页):"复,行故道也。"由此引申为繁复、重复。"復",《说文解字》(第43页):往来也。"複",《说文解字》(第171页):重衣也。

《辞海》中关于复(復)和複的解释。(一)复:1.又,更;2.还,返;3.恢复;4.告,回答;5.报复;6.免除徭役;7.招魂:古代丧礼;8.通"覆",累土为室;9.《易经》中,64卦之一,震下坤上;10.姓。(二)復(一),1.。(三)複:1.夹衣;2.重复,繁复。

"杂"的词源:古体字写作"雜""襍",由衣、集会意,表示各种衣服聚集在一起,颜色混乱不一的意思。其本义即指五彩相合,颜色

---

① 谷衍奎:《汉字源流字典》,华夏出版社2003年,第208、467页。

不纯，引申为混合、掺杂、聚集、错杂等义。《说文解字》载："襍，五彩相会。从衣，集声。"如今"杂"字，从九，从木。即涵义为多种树木相混。《辞海》载，杂、雜（繁）和襍（异）。1.颜色不纯；2.混合，掺杂；3.都，共同；4.通"匝"，循环终始；5.传统戏曲角色行当。

关于中国古代文化中的"复杂性"，我们首先看《易经》理解的复杂性。"复"卦《彖辞》云："复，其见天地之心乎！""复"卦■，震下坤上。坤为地，震为雷，故该卦象为雷在地中。又，上五爻皆为阴爻，唯最下一爻为阳爻，故又为阴至阳回之象。雷在地中，阴至阳回，均含有万物复苏之义。由于此卦体现了天地生育万物的本质，故谓"复，其见天地之心"。

如果按照以上字意为混合、交杂和叠合，那么文字中的三叠，如"众""品""晶""磊""犇""森"等均具有复杂性的特征。而这也与今天科学中的复杂性特性有一定的联系。例如，复杂性的特性之一就是"周期三则混沌"，复杂性正是从"三"开始的。

在英语中，我们发现"复杂"的涵义与汉语大致相同，但是也有一些差异。"complex"有四个意思：第一，复杂即有许多的部分结合或有许多的工作共同完成；第二，难以理解；第三，事物的聚合；第四，人的行为的混乱状态，没有人能够知晓它。

其中汉语与英语相同的是一、三，有差别的是二、四。英语中的"复杂"包括了认识意义的难以了解和人的行为的难以了解的含义。而日常英语词义中的"complexity"则与"complex"的一、二相同。[1]

---

[1]　L.A.希尔编：《企鹅英语词典》，外文出版社1996年，第143页；*Webster's Third New International Dictionary*，p.465.

当然,复杂性语词意义也是有变化的,较早的《牛津科学词典》中的complexity 含义主要与 20 世纪 70 年代的自组织理论发展有关。例如,"复杂性"的解释是系统的自组织各种水平。在物理系统中,复杂性关联着对称破缺和从不同状态之间进行相变的能力。①

总之,它是从日常语言中对复杂性概念的一种解读。

关于复杂性概念中日常隐喻的解读,也是一种介于现象和属性意义之间的对复杂性的研究,不过这种研究在西方有充分的历史案例或充分的证据支持,不像中国或者东方的隐喻具有较强的神秘色彩。例如,周守仁(1997)从本体论与认识论、质和量、绝对性和相对性、存在和演化、空间和时间的五个辩证角度阐释了复杂性的特性,他的最后概括是九个字:多(多层次、多级、多维、多线路、多方向、多变量、多元素、多样化、多重性、多规律性等)、非(非线性、非平衡性、非局域性、非单一性、非逻辑化、非划归性等)、超(超关系、超状态、超集合、超组织、超网络、超循环、超非线性、超不可能性、超协调逻辑等)、不(不可解性、不可判定性、不可分解性、不规则性、不可逆性、不确定性、不可能性等)、变(变异、变性、变策略、变模式、变形态、变坐标、变概率、变换的不变性等)、自(自组织、自适应、自生成、自随机、自避免、自纠正、自我更新、自我复制、自我修复等)、难(难分析、难理解、难处理、难控制等)、深(深层次、深机理等)、杂(杂化状态、杂错行为等)。他的定义是:复杂性是事物能体现其演化创新、内在随机、自生自主、广域关联、丰富行为、

---

① 〔英〕艾萨克编:《牛津科学词典》,上海外语教育出版社 2000 年,第 160 页。

柔性策略、多层纹理、隐蔽机制的整体综合的属性和关系。[①] 经仔细分析，这些复杂性概括中有很好的思想，但也有很多无法理喻（如超状态……）的神秘，我以为这样的定义是一个理性和非理性杂糅的混合体，它与中国传统文化和日常语境关系密切。尽管作者文章的标题冠以"现代科学技术下的复杂性概念"，但其内容本质上是一种离开现代科学技术的玄思结果。然而，这个复杂性描述却不经意地透露了复杂性神秘性的一面，由于存在这种神秘，使它一方面与中国以及其他民族文化中的神话传统联系起来。当然国外也有人认为，复杂性的核心就是神话。[②] 另一方面，介乎于科学和伪科学之间，成为中间地带的一个符号。[③] 如果"复杂性"就是：多、非、超、不、变、自、难、深、杂的话，复杂性还是可以研究的吗？

　　按照现象学对现象的描述和反思，是要把先见置于括号中的，现象学最重的是反思。对复杂性现象的反思，可以发现，各个民族的复杂性语义尽管有许多不同，但是隐喻的复杂性概念还是基本上遵循了两种思想：结构和关系的多重，难以把握和理解。后者事实上来自前者，并以前者为基础。

---

　　①　周守仁："现代科学意义下的复杂性概念"，《大自然探索》1997年第4期。

　　②　〔法〕勒内-贝尔热："欢腾的虚拟：复杂性是升天还是入地"，《第欧根尼》1997年第2期。文中（第35—36页）指出："神话……对复杂性更为敏感……，简言之，神话与宗教形成了各种体系，其要素仍然是相互分离的但在不同的层面上产生作用：物理的、心理的、智力的、精神的、肉体的、身势的以及符号的。复杂性与这些层面成为一体，它不允许任何想要简化的企图。"

　　③　郝柏林就指出，复杂性概念是一个容易使人望文生义并引发种种伪科学议论的概念。郝柏林："复杂性的刻画与'复杂性科学'"，《科学》1999年第3期。

而中国或者东方的做法多少有些自觉或者不自觉地向神秘靠拢。西方的研究则尽可能形象化复杂性现象，或者使之编码化。

二、自然科学中确切的复杂性概念

有确切定义的复杂性概念，我们归为八类（38 种），另外还有一类，即第九类，是隐喻性描述复杂性（16 种），它们全体如下：[①]

1. 信息类：信息；费希尔信息；Chernoff 信息；共有信息或通道容量；演算共有信息；储存信息；条件信息；条件演算信息含量；Kullbach-Liebler 信息；算法信息含量。共 10 种。

2. 熵类：熵；Renyi 熵；计量熵。共 3 种。

3. 描述长度或距离类：自描述代码长度；矫错代码长度；最小描述长度；费希尔距离；信息距离；演算信息距离；Hamming 距离；长幅序。共 8 种。

4. 容量类：拓扑机器容量。共 1 种。

5. 深度类：逻辑深度；热力学深度。共 2 种。

6. 复杂性类：Lempel-Ziv 复杂性；随机复杂性；有效或理想复杂性；层级复杂性；同源复杂性；时间计算复杂性；空间计算复杂性；基于信息的复杂性；规则复杂性；算法复杂性。共 10 种。

7. 多样性类：树形多样性；区别性。共 2 种。

---

① 其中有 45 种引自：霍根：《科学的终结》，孙雍君等译，远方出版社 1997 年版，第 329 页。另外主要是一些隐喻性复杂性概念，主要引自：Michael R. Lissack, Complexity：the Science，its Vocabulary，and its Relation to Organizations，*Emergence*，Vol. 1，No. 1，1999：110-126. 以及其他一些有关复杂性研究的文献。

8. 独立参数个数或维数:参数个数或自由度或维数;分维。共 2 种。

9. 综合(隐喻)类:混合;相关性;分辨力;自组织;自组织临界性;复杂适应系统;报酬递增;路径依赖;适切景观;涌现;生成关联;混沌边缘;自相似;模拟退火;奇怪吸引子;缀。共 16 种。

对于其中比较重要的复杂性概念,我们给出它们的描述性含义如下:

1. 熵(entropy):复杂性相当于可以用热力学测量的一个系统的熵,或无序。

2. 信息(information):复杂性相当于对一个系统发现的"惊奇"程度,或一个观察者能够获悉该系统的方面。

3. 分维(fractal dimension):一个系统的不同层次之间的"可相似性",即它在越来越小的尺度上仍然能够显示与整体相似的性质。

4. 有效复杂性(effective complexity):一个系统显示的(胜于随机性)"规律性"程度。

5. 层级复杂性(hierarchical complexity):由一分级结构系统不同层次所显示的多样性。

6. 语法复杂性(grammatical complexity):描述一个系统所需要的语言的普遍性程度。

7. 热力学深度(thermodynamic depth):从头组织起一个系统所需要的热力学资源数量。

8. 逻辑深度(logic depth):以在普适计算机上执行前述最短程序的指令步数或时钟拍数,来比较不同图形的复杂程度。

9. 时间计算复杂性(time computational complexity)：一个计算机描述一个系统(或解一个问题)所需要的时间。

10. 空间计算复杂性(spatial computational complexity)：描述一个系统所需要的计算机存储量。

11. 共享信息(mutual information)：一个系统的一个部分包含其他部分信息，或与其他部分类似的程度。

关于第九类隐喻性的复杂性概念，迈克尔·R. 利萨克(Michael R. Lissack)给出了部分概念的说明(表 1-1)。[①]

表 1-1　复杂概念隐喻

隐喻性概念	含　义	实际应用
适切景观 I (Fitness landscape)	局部或整体最适	探究(改进)策略
适切景观 II (Fitness landscape)	共同进化变形	了解风险承担者各层次的反馈环节和交互作用
吸引子 (Attractor)	被动顺从某一模式的行为者	选择比试图影响预定行为者更重要
模拟退火 I (Simulated annealing)	利用混沌控制混沌	一点混乱对拥挤群体\数据流\和信息补救可能是好事情
模拟退火 II (Simulated annealing)	噪声可能增加创造性	寻求噪声\新闻性意见\外界观点的可控元素
缀 (Patches)	各个自私的小块可能好于一个铁板性整体	按照通讯不变量把组织化再细分成交互作用的部分

---

① Michael R. Lissack, Complexity: the Science, its Vocabulary, and its Relation to Organizations. *Emergence*, Vol. 1, No. 1, 1999: 110-126.

续表

隐喻性概念	含　义	实 际 应 用
τ (Tau)	太多的数据会导致通路的拥塞	组织尝试认可同时变革的量上的界限
生成关联 (Generative relationships)	在每一个今天的意外中寻求明天的回报	以寻问它将如何帮助我的成长,来探索每一际遇
报酬递增 (Increasing returns)	区别传统的建基于知识基础的经济学	促进网络和社团任何可能的影响
对初始条件的敏感依赖性 (Sensitive dependence on initial conditions)	预报的不可能	操纵本质上不能使工作运转起来

　　根据以上各种复杂性概念的名称,我们把第 1—5 类复杂性和第 6 类中绝大多数复杂性概念简称为"算法型"复杂性概念,把第 7—8 类复杂性概念和第 6 类中层级复杂性概念简称为"多样型"复杂性概念,把第 9 类复杂性概念中的绝大多数简称为"隐喻型"复杂性概念。

　　纵观目前国外提出的绝大部分复杂性概念,其中绝大多数是建立在科尔莫哥洛夫(A. N. Kolmogorov)[①]复杂性概念基础上的,即与是否能够构造一个对象的算法和其算法的计算量的大小有关。这种类型的复杂性概念描述即"算法型"复杂性。

　　科尔莫哥洛夫复杂性问题的研究主要起源于对可计算理论及其算法的研究。

　　从 20 世纪 30 年代开始,数学家问了这样一个重要的问题:是

[①] A. N. Kolmogorov, Three Approaches to the Definition of the Concept "Quantity of Information", *Problem of Information Transmission*, Vol. 1, No. 1, 1965.

否所有问题都有求解的算法？许多数学家首先开始寻求在自然数论域里数论函数的可计算研究,提出了几种可计算函数(如原始递归函数、部分递归函数、递归集、递归可枚举集、可判定性和半可判定性)的定义。例如,哥德尔(K. Gödel)、赫博兰德(J. Herbrand)和克莱因(S. C. Kleene)在 1936 年定义了递归函数,丘奇(A. Church)在 1935 年提出了 λ-转换演算,图灵(A. Turing)在 1936年提出了图灵机理论(现在是计算机科学中可计算性理论或计算复杂性理论的基础),麦克布(A. A. Mapkob)在 1951 年定义了正规算法。丘奇和图灵分别证明了各个命题的等价性,这种丘奇-图灵论题的证明,表明存在一种通用的计算或算法复杂性定义。

事实上,在计算机科学里,算法是计算机解题方法的精确描述。算法就是计算机解题的程序。20 世纪 40—60 年代,数学家研究了算法的特征,给出了算法的基本规则(有穷性、确定性、能可行性等),这最终导致了科尔莫哥洛夫、蔡廷(G. J. Chaitin)[1]和索尔莫哥洛夫(R. J. Solomonoff)[2]各自独立发现的算法复杂性概念(以后被统称为科尔莫哥洛夫复杂性)的建立。

科尔莫哥洛夫复杂性概念是具有基础性地位的复杂性概念,其一般的数学形式为:

$$K_S(x) = \min\{\,|\,p\,|:S(p) = n(x)\}$$

$$K_S(x) = \infty \quad 如果不存在 p$$

---

[1]　G. J. Chaitin, On the Length of Programs for Computing Finite Binary Sequences,*J. ACM*,Vol. 13,1966:547.

[2]　R. J. Solomonoff, A Formal Theory of Inductive Inference,*Information and Control*,Vol. 7,No. 1,1964:224.

其涵义为:对每一个 D 域中的对象 x,我们称最小程序 p 的长度|p|就是运用指定方法 S 产生的关于对象 x 的科尔莫哥洛夫复杂性。对计算机 S 而言,设给定的符号串为 x,将产生 x 的程序记为 p。对一个计算机来说,p 是输入,x 是输出。粗略地说,关于一个符号串 x 的科尔莫哥洛夫复杂性,就是产生 x 的最短程序 p 的长度。

当然,在自然科学和社会科学中还有其他复杂性分类,比如按照领域进行分类,有计算复杂性、物理复杂性、生物复杂性、生态复杂性、经济复杂性、管理复杂性、知识复杂性、文本复杂性、社会复杂性等。总之,只要存在某种人类可以观察和认知的领域,无论它是自然领域,还是社会领域,或者精神领域,就都存在该领域的某种复杂性。对这些复杂性的研究就构成了集合成簇的复杂性领域研究。

我们之所以不采取领域分类,是因为这种分类不能体现和描述复杂性本身的属性,而只能描述以复杂性(如程度、大小)测度某个领域的认识活动和那个领域对象的复杂性程度以及如何认知它。当然,这不是说这种领域复杂性研究不重要。相反,对该领域而言,这种研究极为重要,而且这种研究常常是复杂性研究当前最主要的特征。只有领域复杂性研究清楚了,在这种实践基础上的抽象属性的复杂性研究才有基础和意义。

三、对科尔莫哥洛夫复杂性概念的种种误读

科尔莫哥洛夫复杂性概念本性上是一种算法复杂性。

观察科尔莫哥洛夫复杂性概念,它是以符号串是否能够压缩

来寻找算法的最小程序的。一个随机的数串很难压缩,很难找到它的算法,遇到随机数串人们只能照写一遍。如果随机数串是一种无穷系列,那么该数串的科尔莫哥洛夫复杂性就只能是无穷大了。从这个意义上看,科尔莫哥洛夫从复杂性概念出发,重新定义了随机性:不可压缩的数串,即随机性。人们常常以为,复杂性等同于随机性(而且事实上,人们常常是按照日常生活混乱无序的意义和普通的随机性加以理解这里的随机性的),这就是一种误读。

科学上经典的复杂性概念,最早起源于数学上关于所有问题是否存在算法以及是否可解的研究,后来与计算机科学研究的发展有密切关系,当然它也主要参考了物理学当时的基本观念。

(一)"随机性"与复杂性关系辨析

在今天的复杂性系统科学哲学研究中,以及在一般哲学关于随机性(包括偶然性)的讨论中,厘清复杂性和随机性的关系,是推进复杂性研究及其哲学研究的重要部分。我在 2002 年曾就复杂性与随机性的关系在《自然辩证法通讯》做过一个讨论。[①] 那时,论文仅对两种复杂性和三种随机性做了比较深入的介绍、研究,并对其中若干问题做了质疑,但没有给出一个很好的解决方案。当然,一种哲学也许就是质疑,而永远行走在路上,没有终极答案。经过进一步的研究,我发现其中一些更深刻的问题,力图给出一个说明性回答,这个回答部分地解决了两种复杂性概念的表面矛盾,解决了人们认识复杂性中混淆的一些重要问题。

---

　① 吴彤:"论复杂性与随机性的关系",《自然辩证法通讯》2002 年第 2 期。

　　为了探索复杂性与随机性的关系，我们先了解计算复杂性、算法复杂性的概念。

　　首先，让我们从信息理论的角度来看待问题。信息的简单还是复杂涉及的是表达信息的序列串如何。简单的非复杂系统的产生指令很简短，通常也很明显，如所有项相加即为和。这样复杂性可以操作性地定义为，寻找最小的程序或指令集来描述给定"结构"——一个数字序列。这个微型程序的大小相关于序列的大小就是其复杂性的测量。

　　序列111111……是均匀的（不复杂的）。对应的程序如下：在每一个1后续写1。这个短程序使得这个序列得以延续，不管多长都可以办到。

　　序列110110110110……的复杂性高一些，但仍然很容易写出程序：在两个1后续写0并重复。甚至序列110110100110110100……也可以用很短的程序来描述：在两个1后续写0并重复；每三次重复将第二个1代之以0。这样的序列具有可定义的结构，有对应的程序来传达信息。比较这三个一个比一个复杂些的序列。再看下面的序列11010010110111010010……，它不再是一个可识别的结构，若想编程必须将它全部列出。但是如果它是完全随机性的，那么我们根据概率规则，可以知道最终在这个数串中0和1的出现几乎是等概率的。

　　于是，为了解决这些关于如何认识复杂性增长和判别复杂性程度的问题，科学家定义了多种描述性的复杂性概念。

　　而科尔莫哥洛夫复杂性定义实际上支配了后来计算机科学上对复杂性的几乎所有的研究，以后又波及几乎所有的科学领域。

例如,德国著名生物学家、曾经做过普朗克研究所主任的克拉默(F. Cramer)教授就是按照这种思路把复杂性程度分为三个等级:亚复杂性、临界复杂性和根本复杂性。

所谓亚临界复杂性是指系统表面复杂但其实很简单,或许是算术性的。简单的物理定律,如牛顿定律可以用于得到的决定性系统。所谓临界复杂性是指在复杂性的特定阶段——在它的临界值上——开始出现某些结构。最简单的情况是对流和对流图案形式。这个复杂度称为临界复杂性。这些系统构成一些亚系统,例如进化系统或不可逆热力学系统。所谓根本复杂性是指"只要系统有着不确定性解或混沌解,它就是根本复杂的"[①],"一旦程序的大小变得与试图描述的系统可以相提并论,就不能再对系统进行编程。当结构不可辨识时——即当描述它的最小算法具有的信息比特数可与系统本身进行比较时——我称之为根本复杂性。根本复杂性的这个定义是以科尔莫哥洛夫(1965)的方程为基础的"[②]。

按照克拉默的认识,根本复杂性相当于无法认识。根本复杂性即那些表现得完全随机性(random 或 stochastic)、描述结果与被描述对象可以完全相提并论,完全无法获得规律性认识,简单地说,根本无法辨识即根本复杂性。

所以,根本复杂性＝完全随机性。

---

① F. Cramer, *Chaos and Order—The Complex Structure of Living Systems*, VCH, New York, 1993, p. 214. 中译本已由柯志阳、吴彤译出,上海科技教育出版社2000 年出版。

② F. Cramer, *Chaos and Order—The Complex Structure of Living Systems*, p. 211.

克拉默还按照复杂性程度的不同，比较了数学、一般科学理论、物理学、生物学、进化过程、科学之外系统（包括科学作为一个整体系统、哲学、美学、语言、宗教和历史）六类知识体系的描述复杂性情况，按照他的分类，我们看到几乎每一个认识体系都有自己的三类复杂性（第一类实际上是简单性的）情况。

当然，这种通过图灵机方式，用算法耗用资源的方法表示计算复杂性程度，给研究的难度做了一个很好的客观的划界。但是，如果一个对象根本无法简约对对象的描述，其描述长度与构成对象的组分"程序"完全一样，甚至完全不存在一个最短描述程序 P，算法复杂性给出的复杂性定义与我们在物理学等科学上对随机性的复杂性认识就有所背离。

例如，完全随机性的全同粒子组成的气体系统，它的内部状态是无法给出程序描述的随机状态，但它的结果是非常简单的、确定的，不具有复杂性特征。

因此，反对复杂性等于随机性的观点也是应该考虑的。其典型的代表是盖尔曼，他提出了"有效复杂性"概念，所谓"有效复杂性，大致可以用对该系统或数串的规律性的简要描述长度来表示"[①]。他认为算法复杂性不能用来定义复杂性，其原因在于算法复杂性具有不可计算性和随机性。他的根本观点是随机性不是复杂性，即有效复杂性这一概念的作用，尤其当它不是内部有效复杂性时，与进行观察的复杂适应系统能否很好地识辨与压缩规律并

---

① 〔美〕盖尔曼：《夸克和美洲豹——简单性和复杂性的奇遇》，杨建邺等译，湖南科学技术出版社 1998 年版，第 49 页。

抛弃偶然性的东西有关。

盖尔曼认为，假定所描述的系统根本没有规律性，一个正常运作的复杂适应系统也就不能发现什么图式，因为图式是对规律性的概述，而这里没有任何规律可言。换句话说，它的图式的长度是零，复杂适应系统将认为它所研究的系统是一堆乱七八糟的废物，其有效复杂性为零。这是完全正确的，胡言乱语的语法图式其长度应该是零。虽然在具有给定长度的比特串中，随机比特串的AIC（算法信息量）最大，但是其有效复杂性却为零。[①]

AIC标度的另一个极端情形是，当它几乎等于零时，比特串完全规则，比如全由1组成。有效复杂性——用于描述这样一个比特串的规律性的图式长度——应该非常接近于零，因为"全部为1"的消息是如此之短。

因此，盖尔曼提出，要想具有很大的有效复杂性，AIC既不能太高，也不能太低。换句话说，系统既不能太有序，也不能太无序。有效复杂性是非随机性的，但是有效复杂性又不等于有序中的简单性，即完全规则的那种情况。这里的有效复杂性应该指可理解性意义上的描述长度较长的类。因为可理解性意义的描述长度很短，就相当于简单性了。而完全不可理解，意味着完全随机性。描述长度与事物本身的表征完全相等，相当于对事物没有认识。有效复杂性一定介于这两者之间。有效复杂性如何才是可以度量的呢？无法准确或定量的度量，是有效复杂性的缺陷之一。当然，有效复杂性一方面是对客观复杂性的有效理解与最小表达，一方面

---

① 〔美〕盖尔曼：《夸克和美洲豹——简单性和复杂性的奇遇》，第58页。

也应该是一个随人类主体认识能力进化而变化的变量。

事实上，有三种随机性。研究表明，我们通常在三种"随机性"上使用随机性概念。第一，指该事物或事物之状态非常不规则，找不到任何规律来压缩对它的描述；第二，指产生该事物的过程是纯粹偶然的或随机的过程。而该过程所产生的结果，主要是随机的，其信息不可压缩；有时则可能得出包含一定的规律性，其信息可有一定程度的压缩性；极少情况下能够得出非常规则的结果，其信息具有很大压缩性。第三，指伪随机性过程产生的貌似随机性结果，即事实上该过程是非偶然的决定论过程，但是其结果非常紊乱（如混沌）。为避免混淆，盖尔曼建议在英文中用"stochastic"表示随机的过程，用"random"表示随机性的结果。本文所指的随机性是结果的随机性，即"random"[①]。我们现在能够认识的随机性中规律性的东西，是第二种类和第三种类的一部分性质，即对它们的描述有可以压缩其信息的情况。

这样，所谓随机性有两种，一种是过程随机性，一种是结果或状态随机性。而真正意义的随机性是不仅其产生的结果具有随机性的特征，而且产生的过程也是随机性的过程。混沌只具有结果形态上的貌似随机性，而不具有过程的随机性。

（二）两类复杂性与随机性的关系

由以上关于复杂性的各种描述性定义的探讨，我们可以看出，这里实际上存在着两种关于复杂性完全不同的观点。

---

① 〔美〕盖尔曼：《夸克和美洲豹——简单性和复杂性的奇遇》，第47页。

　　观点一，认为"复杂性"相当于随机性。随机性大小是度量认识复杂性的尺度。随机性越多，复杂性越大，完全随机性的信息则相当于最大复杂性，或根本复杂性。

　　可以比较一下关于熵的定义，系统内部混乱程度最大，系统熵最大。所以，最大复杂性就相当于最大信息熵。计算复杂性、算法复杂性中相当大的成分包含着这种涵义。像熵、科尔莫哥洛夫复杂性和克拉默定义的根本复杂性都属于此类复杂性。我认为，此类复杂性的意义对对象本身的复杂性认识没有意义，但是对认识条件下的认识复杂性长度即认识难度却是有意义的，即这种复杂性不是关于认识对象的，而是关于认识能力（如计算机解题所需资源）的。科尔莫哥洛夫给出了一个对如何度量计算难度有效的"复杂性"概念，但这使人们在认识客观对象的复杂性上陷入了误区。

　　观点二，认为"复杂性"不等于随机性，而是胜于随机性的、人们对事物复杂性的有效认识。

　　这两类复杂性哪个更科学和准确呢？我们需要仔细研究一下不同的情况。我们要证明复杂性不等于随机性，但是复杂性又离不开结果表现为"随机性"的状态。

　　第一种情况：我要通过"同元素的大量粒子组成的体系"的结果简单性表明，随机性不复杂。例如，气体体系到达平衡态时，体系熵达到最大，但它复杂吗？不，原因在哪里？实际上，在体系未达到平衡态时，体系内部分子的微观态存在大量的区别，如速率分布不遵循麦克斯韦分布，这时体系就其微观态的个数多少而言，体系微观态个数多，体系是复杂的；但是到了平衡态时，按照麦克斯韦速率分布,绝大多数分子的速率趋于一致,体系的不同的微观态不是增加,而是减少了。故体系进入平衡与均匀,熵趋向最大。到达熵最大时,理想条件下体系的微观态变成全同态,完全一致,没有不同的微观态了。体系因而变得简单了。此时物理学对它可以运用气体定律(实际气体用范德瓦斯气体方程)描述。从信息的程序角度看,描述语句可以写成:

$$f(P,V,T)=C$$

换句话说,虽然体系内部此时微观态最随机,但是微观态为全同态、无区别、无演化(体系状态不随时间变化而变化)。因此,描述可以极为简单,数据信息可以压缩,即存在着对这种针对全同微观态的统计意义下的简单规律描述。可见,完全随机性的东西不一定复杂,或完全随机性的东西有最简单的情况。因此,把随机性等同于复杂性至少存在反例。

　　第二种情况:我要通过“混沌”的复杂性表明它不是随机性的复杂性。混沌是一种貌似随机的复杂性状态。说它貌似随机,即指它的产生不是随机性(stochastic)所为,而是确定性体系所为。但是它的微观态具有“随机性”(random),即混沌局域内没有两个相同的状态,这种混沌与平衡态的无序完全不同。此时,体系内部的微观态个数随演化时间长度增加而增加,区别越来越大、越来越多,混沌的程度也随演化时间增加,这样对混沌的全部微观态描述就是不可能的。然而,属于复杂性态的混沌态却不能作为复杂性等于随机性的证明,因为混沌不是随机性,而是貌似随机性的东西。对此混沌现象和规律的发现者、美国气象学家洛伦兹做了这样的说明:“我用混沌这个术语来泛指这样的过程——它们看起来是随机发生的,而实际上其行为却由精确的法则所决定。"①这表明混沌行为的重要属性是确定性,而不是随机性,即对处于混沌行为状态的系统来说,"现有状态完全或几乎完全决定未来,但不是看上去如此"。那么,确定性的混沌行为为什么看上去像是随机的呢? 他认为,这是因为"在某些动力系统中,两个几乎一致的状态经过充分长时间后变得毫不一致,恰如从长序列中随机选取的两个状态那样"②。

第一种情况和第二种情况还有一个差别,那就是产生第一种情况的办法是随机性(stochastic)的,因此对其产生过程我们是无法描述的;但是对结果或体系最终结果或体系整个状态我们能够用简单方法(统计方法)加以描述。而产生第二种情况的方法是确定性的,是有其简单性(动力学)方法的,对其产生过程或演化过程的一部分(在有限时间内)我们可以描述,但是对结果或体系最终结果或体系整个状态我们无法加以描述。换句话说,我们无法产生第一种情况,但是能够描述它;我们能够产生第二种情况,但是无法描述它。

这种情况使我想起突变论创始人托姆对"理解"和"行动"的精辟见解。按照托姆的观点,整个科学活动可比作一个连续进行的过程,这一过程具有两极。一极代表纯粹知识:其基本目标是理解现实。另一个极涉及行动:其目标是对现实采取有效行动。传统的、目光短浅的认识论不赞成这种两极说,因为要采取有效的行

---

① 〔美〕E. N. 洛伦兹:《混沌的本质》,刘式达等译,气象出版社 1997 年版,第 3 页。
② 同上书,第 6 页。

动,必须先"理解"。相应于这两种对科学所持的相反观点,存在两种不同的方法论。"行动"说在本质上是解决局部的问题,而"理解"说试图要找到通用解(即整体解)。明显的矛盾是,求解局部问题需要使用非局部手段,而可理解性则要求将整体现象化为几种典型的局部情况。[①] 上述对无序和混沌的复杂性情况的分析告诉我们,这种传统认识论的观点可能是错误的。因为有这样的情况,我们对它已理解透彻,却无力对它采取任何行动。反过来,有时我们对现实世界能采取有效行动,但对其之所以有效的原因却茫然无知。几乎可以毫不夸张地说,无序的简单性和混沌的复杂性为这种情况提供了佐证。我们能够产生和控制混沌,但是对混沌复杂性的认识还没有完全转化为盖尔曼意义上的有效复杂性。关于混沌类型的复杂性,我们目前就知之甚少,我们只了解混沌具有对初值的极端敏感性,具有某种类型的吸引子(局域性);混沌具有微观结构,我们计算得越细致,混沌也越反映出层次间的自相似性和嵌套性,它也就越复杂。

　　我们研究一个问题,一般先要界定清楚问题和环境。如果不能清楚地界定问题,你能拿它怎么办呢? 然而,许多复杂性问题都是其内容尚未界定清楚的并且在不断生成的问题,其问题的生成与环境因时间的推移而不断变化。适应性作用只是对外界对它的回报做出反应。而用不着考虑清楚行动的意义和对行动背后的理解。

　　复杂性问题的复杂正在于此。作用者面对的是界定不清的问

---

　　① 〔法〕勒内·托姆:《突变论:思想和应用》,周仲良译,上海译文出版社 1989 年版,第 141 页。

题、界定不清的环境和完全不知走向的变化。例如,软系统方法论的创立者切克兰德提出的软系统,就是专门指称这种环境和界定不清的问题的。[①] 只要略想片刻就会认识到,这就是生命的全部含义。人们经常在含糊不清的情况下做出决定,甚至自己对此都不明白。我们是在摸着石头过河,在过河中我们不断改变自己的思想,不断拷贝别人的经验,不断尝试以往成功的经验。

以气象学为例。天气从来不会是一成不变的,从不会有一模一样的天气。我们对一周以上的气候基本上是无法事先预测的,有时1—2天的预报都会产生错误。但我们能够了解和解释各种天气现象,能够辨认出像锋面、气流、高压圈等重要的气象特征。一句话,尽管我们无法对气象做出完全的预测,但气象学仍不失为真正的科学。[②]

以上研究表明,第一种类型即所谓随机性的复杂性不是我们要的复杂性,它相当于克拉默意义的亚临界复杂性(类似简单性),如果把复杂性与这种随机性联系起来,那么说复杂性等于随机性(stochastic),则是不对的。但如果是第二种意义的复杂性则与貌似随机性的随机性(random)结果相互关联在一起,那么的确存在随机性(random)越大,似乎越复杂的情况。但这里需要注意的是,信息熵在这里决不是热力学熵。另外,产生这种复杂性的原因也不是随机性。

---

① 〔英〕彼得·切克兰德:《系统思想,系统实践(含30年回顾)》,闫旭辉译,人民出版社2018年版,第358页。

② 〔美〕M.沃尔德罗普:《复杂》,陈玲译,生活·读书·新知三联书店1997年版,第356—357页。

　　所以在说复杂性与随机性的关系时，我们一定要辨别所说的随机性是什么随机性，是 stochastic 还是 random。我们是否可以这样说，复杂性是具有 random 性态的东西，而不是由 stochastic 产生的。

　　为什么在直觉看起来并不正确的科尔莫哥洛夫复杂性却得到绝大多数科学家的认同和使用，反之，盖尔曼提倡的有效复杂性却没有在科学家中得到足够的研究呢？仅仅是由于盖尔曼的有效复杂性很难量化吗？下面我们将分析这个问题，说明科尔莫哥洛夫复杂性同样可以说明数串序列的有序性。让我们通过一个思想实验加以进一步的验证。

（三）科尔莫哥洛夫复杂性的本质及与熵的关系

　　我们知道，在物理学上熵是测度无序的物理量。统计熵为：$S = k \log W$，其中 W 为状态数，K 为玻尔兹曼常数。我们想了解玻尔兹曼统计熵（以下简称 S）与科尔莫哥洛夫复杂性（以下简称 K_c）是什么关系。这可以用数串的排列实验加以比较。

　　我们知道，科尔莫哥洛夫复杂性的度量可以用数串进行。让我们进行一个理想实验，看看该复杂性概念对应的随机性最大的数串究竟是什么意义。

　　我们首先把数串定义为以 1,0 组成的数字串。为了简便起见，我们假定这个数串(1,0)一共有 4 个数字，其中 1 一共 2 个（为了知道排布先分别标记为 1,1'，排布后要去掉记号），0 也是 2 个（同样先分别标记为 0,0'）。之所以要把 1,1' 做一个区分，事实上是要把这个数串同时与在一个有隔板的盒子中的两个全同粒子（即 1,1'）以及粒子之间的真空位置（即 0,0'）的物理状态联系在一起。按照 K_c 的定义,不可压缩的数串随机性最大,复杂性最大。在以上条件下,四个数的数串之排列组合如表 1-2 所示。

表 1-2　数串与粒子分布的对应

序号	数　串　排　列	K_c	对应的盒子中的粒子物理状态		S
			A 部分	B 部分	
1	1,1',0,0'	中压缩,小	11	00(非均匀)	
2	1,1',0',0	中压缩,小	11	00(非均匀)	
3	1',1,0,0'	中压缩,小	11	00(非均匀)	
4	1',1,0',0	中压缩,小	11	00(非均匀)	$S_1 = \log 8$
5	0,0',1,1'	中压缩,小	00	11(非均匀)	$= 3$
6	0',0,1,1'	中压缩,小	00	11(非均匀)	
7	0,0',1',1	中压缩,小	00	11(非均匀)	
8	0',0,1',1	中压缩,小	00	11(非均匀)	
9	1,0,0',1'	不可压缩,大	10	01(均匀)	
10	1,0',0,1'	不可压缩,大	10	01(均匀)	
11	1',0,0',1	不可压缩,大	10	01(均匀)	
12	1',0,0',1	不可压缩,大	10	01(均匀)	
13	0,1,1',0'	不可压缩,大	01	10(均匀)	
14	0,1',1,0'	不可压缩,大	01	10(均匀)	
15	0',1,1',0	不可压缩,大	01	10(均匀)	
16	0',1',1,0	不可压缩,大	01	10(均匀)	$S_2 = \log 16$
17	0,1,0',1'	大压缩,小	01	01(均匀)	$= 4$
18	0',1,0,1'	大压缩,小	01	01(均匀)	
19	0,1',0',1	大压缩,小	01	01(均匀)	
20	0',1',0,1	大压缩,小	01	01(均匀)	
21	1,0,1',0'	大压缩,小	10	10(均匀)	
22	1,0',1',0	大压缩,小	10	10(均匀)	
23	1',0,1,0'	大压缩,小	10	10(均匀)	
24	1',0',1,0	大压缩,小	10	10(均匀)	

其中,对应的 K_c 最小 8 种(大压缩境况),中等 8 种(中压缩境况),最大 8 种(不可压缩)。与相应的物理状态的对应则是,K_c 最大均在粒子的物理状态均匀分布情况下获得;但是同时,K_c 最小也是粒子在物理状态均匀分布下获得;中等程度的 K_c 则对应了粒子的物理非均匀分布状态。这的确耐人寻味。

首先,S 与 K_c 的一个区别是,S 是针对多种状态的集合而言的,或者是系统运行到稳定态后而言的;而 K_c 是针对一个数串的单独状态而言的,S 不能针对一个状态说它的熵是多少,而 K_c 则可以度量单个状态的复杂程度。因此,K_c 是针对某种确定的瞬时的结构或者某种结果所说的,而 S 是针对某种一个总过程而言的(两个粒子先集中在某盒子的一端,或假想的 A 端或假想的 B 端,然后打开盒子的隔板,经过一段时间即形成稳定态后,进行测量所得的结果)。

第二,在直观上,我们知道两个粒子均匀地分布在盒子里(即分别分布在假想盒子的 A 和 B 部分,因此 0101 与 1010,0110,1001 没有区别,它们都表示两个粒子分别处于盒子的两部分中,是粒子均匀分布的一种状态)的可能性大,因为这种分布的状态数是 16 种;而两个粒子分别集中在盒子的 A 或 B 部分的可能性小(即 1100,0011),因为这两种可能的分布状态数分别是 4 种。因此,按照熵的度量,对应这种均匀分布的玻尔兹曼熵最大。而 K_c 只是这个长矩形盒子中两个粒子(加真空位置)的瞬时排布,即数串的一种排布。如果是规则的排布,则 K_c 小;如果是不规则的排布,则 K_c 大。这里不与有序和无序发生直接的关系。由于实验只采用了 2 个粒子,因此很难看出有序与无序之间的区别(这里

1100,0011,0101,1010 是可以分别压缩为:10,01,但是 1001,0110
则不能压缩,当然这不是绝对的,按照理想的观点,任何有限的数
列都有算法可以压缩,不过此时压缩的等级已经不是相同层次了。
例如,我们说 1001 和 0110 也可以在反对称的方式下进行压缩,但
无论如何这个后种压缩的程序长度已经长于前一种压缩的程序长
度)。假定有 5 个粒子的排布,就可以看出均匀和非均匀排布的
K_c 的区别。显然,在 5 个粒子的情况(表 1-3)下,第一行的 K_c 大,
因为它的分布不均匀,无法压缩;而第二行的 K_c 小,因为它可以
压缩为(1,0)均匀排布。但是,第一行的情况,如果对应的是一个
矩形盒子,那么恰恰是粒子集中在盒子一端(以 5 个格子为一个盒
子的一端)的情况即有序状态;而第二种情况则恰恰是玻尔兹曼熵
最大的均匀分布情况即无序状态。

表 1-3　粒子在一维盒子中的分布

1	1	1	0	1	0	0	0	1	0
0	1	0	1	0	1	0	1	0	1

　　把这个一维的分布向上下延展则可以得到二维分布,如果粒
子的物理一维分布是非均匀的,我们仍然可以毫不费力地推广到
二维或者三维(图 1-1)。

　　由此可见,这个思想实验呈现给我们两个重要的东西。第一,
科尔莫哥洛夫复杂性与熵测度显然是非常不同的。熵测度了粒子
多次分布的统计分布的无序状况,而科尔莫哥洛夫复杂性度量了
粒子的单次分布状态的有序状态(非均匀分布状态)。第二,说科
尔莫哥洛夫复杂性对应的是随机性最大,是有条件的。这里的随

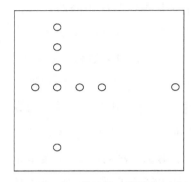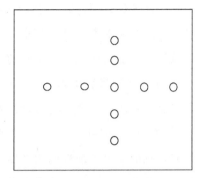

图 1-1　粒子的二维分布（左图对应表 1-3 第一行，是非均匀分布；右图对应表 1-3 第二行，是相对均匀分布）

机性已不再等同于我们常常说全同粒子均匀分布上最随机的状态，而是一种科尔莫哥洛夫通过复杂性重新定义的随机性，即数串的不可压缩性、非规则性。而数串的不可压缩性在一定程度上与对称性破缺是一致的。

（四）三种随机性、无序与科尔莫哥洛夫复杂性

我们关于随机性的认识，基本还建立在古典概率的基础上。所谓古典的随机性，即在满足以下条件的试验 E 为随机试验的事件之特性：(1)相同条件下，试验可以重复进行；(2)每次试验的结果具有多种可能性，所有可能的结果在试验前是可以确定的；(3)每次试验之前无法准确预言哪个结果出现。我们把这种试验 E 的每一次可能结果称为随机事件，或者说这事件具有随机性。

对所谓随机性，人们也常常有一些质朴的看法。例如，当代美国统计学家 S.J.普雷斯就有一个简明的说法，即随机性，"通常我

们是指该现象(事件或者实验)的结果是不能准确预测的"[①]。这种观点没有从根本上赋予其指称以客观实在性内容,容易成为一种认识结果上的认识能力不足的反映。著名的奥地利数学家 R. V. 米泽斯借助算法概念曾经尝试地给出一个随机性的结构性定义,他认为,所谓偶然序列,是因为它缺乏建构其有决定意义的算法。[②] 后来,在信息论、算法理论的基础上,科尔莫哥洛夫从复杂性和信息的不可压缩性的角度定义了随机性序列,建立了概率论的公理化基础。[③] 但是,在科尔莫哥洛夫理论里,概率和随机性具有公理化的意义,其本身因而已经缺乏意义讨论。

　　事实上,如果从过程和结果状态去分析,有三种随机性。研究表明,我们通常在三种"随机性"上使用随机性概念。第一,指该事物或事物之状态非常不规则,找不到任何规律来压缩对它的描述。第二,指产生该事物的过程是纯粹偶然的或随机的过程。而该过程所产生的结果,主要是随机的,其信息不可压缩;有时则可能得出包含一定的规律性,其信息可有一定程度的压缩性;极少情况下能够得出非常规则的结果,其信息具有很大的压缩性。第三,指伪随机性过程产生的貌似随机性结果,即事实上该过程是非偶然的决定论过程,但其结果非常紊乱(如混沌)。为避免混淆,盖尔曼建议在英文中用"stochastic"表示随机的过程,用"random"表示随机性的结果。

---

① S. J. 普雷斯:《贝叶斯统计学》,廖文等译,中国统计出版社 1992 年版,第 3 页。

② 转引自:柳延延:《概率与决定论》,上海社会科学院出版社 1996 年版,第 92 页。

③ 吴彤、于金龙:"科尔莫哥洛夫:复杂性研究的逻辑建构过程评述",《自然辩证法研究》2003 年第 9 期。

在传统理论上,我们常常以第二种随机性即产生过程为随机性的主要判断。但矛盾的是,在实践上我们又常常以结果或者状态是否为不规则作为判断是否为随机性的尺度。

事实上,是结果还是过程决定随机性,即随机性是排列的特征还是建立这个排列的过程的特征,或者二者共同的特征,到今天仍然存在着很多争论(表 1-4)。[①]

表 1-4 三种随机性的比较

	产 生 过 程	结 果 状 态		
1	未知或不去理会	非常不规则,找不到任何规律压缩		
2	产生过程是随机的	非常不规则	不规则,偶尔有一定规律性	非常规则
3	伪随机过程产生	非常不规则,但有细微结构,可能有一定规律		

首先,很明显,根据结果我们根本无法判断是哪一种随机性,因为三种随机性都存在不规则情况(当然细致区分后,也许能够区别混沌与随机性)。但是,除非一个过程是我们自己产生的,否则我们不从结果判断又可能从什么上进行判断呢?同样很明显,科尔莫哥洛夫是以第一情况确定其随机性的,这样 K_c 自然与这种随机性一致,即复杂性越大,其随机性越大。

其次,语句"非常不规则"的表述是一种状态描述,还是一种粒子或者点数运动情况的描述?这必须分别清楚。否则极容易产生问题。例如,当人们说布朗运动的不规则性时,麻烦就来了,人们是说粒子的运动还是整个运动所留存下来的轨迹构成的全体形

态呢？

最后，这种不规则性对应的是无序还是有序呢？当我们所说的不规则性是指一种状态时，它应是一种更有序的状态，而不是无序状态。均匀分布的状态才是规则的状态。当我们所说的规则指某种规律性时，我们指的是有序。而非规则指的是无序。因此，无序和有序与规则和不规则还应该进一步区分，而不能简单地说：无序＝不规则，有序＝规则。

现在让我们在以上基础上重新解释科尔莫哥洛夫复杂性关于一个文本的复杂性观点。

假定，比较两个文本，一个是我们知道的托尔斯泰写的《战争与和平》，另一个是假定一个被训练会随机打字的猴子写出的与《战争与和平》同样长度的一个"文本"（如果能够叫作文本的话）。现在问，哪一个文本更复杂？

首先要对这个询问进行甄别。我们是在纯字母意义上以科尔莫哥洛夫复杂性定义问两个文本哪一个更复杂呢？还是在文本意义的基础上以科尔莫哥洛夫复杂性定义问两个文本哪一个更复杂？

在做了这样的意义甄别后，如果在第一种意义上，那么猴子在打印机上敲出的文本或许比托尔斯泰的更复杂。因为在字母层次上，猴子敲击出来的每一个东西也都是字母，而且整个字母组成的文本是不可压缩或者压缩性极小，而托尔斯泰的《战争与和平》中总会有重复的字母，如相同的人名、地名，则多少存在一定的可压缩性。如果是在后一种意义上，那么猴子击打出来的所谓文本是均匀的文本。因为它的字母是随意的组合，大部分是无意义的，可以把其意义简约为"0"。这样，猴子的文本是一个由绝大多数 0 组成的文本，其间偶尔出现"1"（有意义的词汇，如 that、why 等）。因此，它是"规则"的、均匀的（绝大部分为 0）文本，但它是无意义凸现的文本，是无序的文本，也是不复杂的文本（我们可以写出它的程序为：绝大多数写 0，偶尔间或写 1）；而托尔斯泰写出的《战争与和平》是非均匀的、"不规则"的文本，是意义凸现的文本，是有序的文本，因此也是更复杂的文本，我们即使再压缩它，也不可能把它压缩成为大部分为 0，间或为 1 的程序。它不仅有 0，也有 1，甚至还有 2，3……的意义文本。

这个例子表明，甚至盖尔曼也错了，如果深入理解科尔莫哥洛夫复杂性的测度意义，并且对数串测量的层次进行剖析，科尔莫哥洛夫复杂性同样可以成为有效复杂性的测度。我们的结论是，科尔莫哥洛夫复杂性对应的不是经典随机性，而是不可压缩性、非规则性的新随机性。这是深入分析科尔莫哥洛夫复杂性的最重要的地方。

（五）复杂性与状态随机性及其他

在不可压缩性质的随机性基础上建立起来的复杂性，还应该继续加以分析。我们先暂时去掉第二种随机性（stochastic）。于是，这里还存在两种 random 意义下的随机性，第一种是非常不规则的结果，从而找不到任何规律来压缩对它描述的随机性，另一种是貌似随机性的结果，即由非偶然的决定论过程所产生的，但其结果具有非常紊乱（如混沌）的随机性。在第一种随机性情况下，无法得到对事物的认识，描述长度将同事物本身一样。我们该事物认为复杂吗，如果不复杂为什么我们无法认识，如果承认它不复杂,那么就需要承认除了复杂性成为我们认识的障碍以外,我们认识的障碍还有其他。有其他障碍吗? 如果承认其复杂,我们就需要承认世界上存在完全无规则的东西,它无法认识。而这点与我们关于世界是有规律的假定相矛盾,似乎进入了不可知论。看起来,我们只能等待认识进步来解决该问题。

因此,我建议在假定这个世界不断演化的前提下,把对应于第一类随机性(非常不规则,而无法压缩信息串)的复杂性称为"潜在复杂性"(potential complexity),而把对应于第二类随机性(貌似随机性的结果,非常紊乱)的复杂性称为"有效复杂性Ⅱ",以区别盖尔曼的"有效复杂性"。因为盖尔曼把对应于第一种随机性中可认识的复杂性称为"有效复杂性"(我们把它称为复杂性Ⅰ),有效复杂性不等于我们对该对象的认识达到了所有细节全部认识完毕,无一遗漏。而是指这种复杂性抓住了该对象的基本方面和特性,使得该对象成为科学研究的实在对象。

这样在随机性(random)背景下的复杂性可以分类为如下:

(未认识)潜在复杂性,(已认识)有效复杂性Ⅰ	(掌握生成的)有效复杂性Ⅱ
随机性(random)	貌似随机性(如混沌)

四、其他关于复杂性概念的研究

(一) 国外复杂性研究其他境况及其分类

国外关于复杂性概念的研究需要提及的,特别是还有从哲学、社会科学（包括组织和管理）方面进行研究的一些观点，比较典型的有八个。

第一，圣菲研究所的工作主要是关于遗传算法、元胞自动机、自组织临界性的工作，以及经济学领域的复杂性研究。他们提出的复杂性概念主要包括复杂适应系统、涌现、混沌边缘、报酬递增和路径依赖等。

第二，《涌现》（Emergence）杂志（2001 年第 3 卷第 1 期）专门探讨了"什么是复杂性科学？"的问题。它如同《科学》（Science）1999 年 4 月 2 日的"复杂性研究"专刊一样，没有给出统一的复杂性定义，而是探讨了知识、科学、哲学、自然史、组织管理和组织叙事研究中的各种复杂性涵义及其在该学科的一些影响。[①] 其基本涵义类似于第 9 类中的各种概念。

第三，大卫·拜恩（David Byrne）[②]、保罗·西利亚斯（Paul Cillers）[③]等人从复杂性与社会科学、复杂性与后现代主义思潮的关系，对复杂性和这些学科领域的关系以及在这些领域的视野中的复杂性是什么所做的探讨。在这些文献中，复杂性的定义大体

[①]　Michael R. Lissack edit, *Emergence*, Vol. 3, No. 1, 2001. 这期刊物专门讨论了复杂性科学是什么的问题，其中包括 9 篇论文和 1 个编者导言，从多个方面解读了复杂性科学是什么的问题。

[②]　David Byrne, *Complexity Theory and the Social Sciences: An Introduction*, Routledge, London and New York, 1998. 拜恩也是被卡斯特兰尼列入复杂性的哲学研究之列的人物，其实这本著作是多方位讨论复杂性在社会科学领域的工作。当然，第一章为"理解复杂"、第二章为"复杂的实在：真实的复杂性"，也是具有哲学意蕴的工作。

[③]　Paul Cillers, *Complexity and Postmodernism: Understanding Complex Systems*, Routledge, London and New York, 1998. 中译本：〔南非〕保罗·西利亚斯：《复杂性与后现代主义——理解复杂系统》，曾国屏译，上海世纪集团 2006 年版。

与前文第9类类似。但是有必要把西利亚斯关于复杂系统的特征阐释表述如下[①]。(1)复杂系统由大量要素构成。(2)大量要素是复杂系统特征的必要条件,但非充分条件。……要构成复杂系统,要素之间必须有相互作用,而且这种相互作用必定是动力学的。(3)系统中的相互作用是相当丰富的,即系统中的任何要素都在影响若干其他要素,并受到其他要素的影响。(4)相互作用自身具有若干重要的特征。首先,相互作用是非线性的。(5)相互作用常常是作用于某个相对小的短程范围,即主要是从直接相邻接受信息。(6)相互作用之间形成了回路。任何活动的效应都可以反馈到其自身,有时是直接的,有时要经过一些干预阶段。这些反馈(正负)都是必要的。(7)复杂系统通常是开放系统,即它们与环境发生相互作用。(8)复杂系统在远离平衡态的条件下运行,因此必须有连续不断的能量流保持系统的组织,并保证其存活。(9)复杂系统是有时间维度的,复杂系统具有历史性。它们不仅随时间而演化,而且过去的行为会对现在产生影响。(10)系统中的每一要素对于作为整体系统的行为是无知的,它仅仅对于其可以获得的局域信息做出响应。这一点极其重要。

总结西利亚斯的复杂性特性的阐释,可以看到,其中第一点是关于复杂性与系统要素数量的关系;第二点到第六点,以及第十点,都是复杂性与系统内部要素相互作用关系的相关阐释,说明要素及其之间相互关系对于复杂性的重要意义;第七、第八点是关于

---

① 〔南非〕保罗·西利亚斯:《复杂性与后现代主义——理解复杂系统》,第4—6页。引用时文字有调整。

系统与环境的关系；第九点是复杂性与时间演化的关系，意味着复杂性可以生成与变化。[①]

西利亚斯最后说，"复杂性是简单要素的丰富相互作用的结果……，复杂性是作为要素之间相互作用模式的结果而涌现出来"[②]。这是关于复杂性的一种观点，而且这是大多数科学家所持有的一种观点。

第四，是法国思想家莫兰的复杂性观点。他非常重视复杂性，认为是无序和有序的辩证法构成了复杂性，其复杂性有多重涵义，其黑格尔式的辩证法特征和隐喻特征都很浓厚，但是其思想的确很深刻，并且具有很强的启发性。[③] 莫兰与西利亚斯不同，他认为简单性只是若干复杂性之间的一个环节、一个方面。他指出，我们试图前进，不是从简单性走向复杂性，而是从复杂性走向不断增长的复杂性。[④]

第五，是德国系统哲学家克劳斯·迈因策尔的非线性复杂思维观点。他并不直接讨论实在，而是从科学和科学史出发，认为在一个非线性的复杂现实中，线性思维是危险的。[⑤]

[①] 关于"生成"，我国学者、我们的前辈金吾伦先生曾经提出"生成子"（被张华夏先生称为"金妖"）概念，他提出并且深入研究了"生成哲学"。金吾伦：《生成哲学》，河北大学出版社 2000 年版。

[②] 〔南非〕保罗·西利亚斯：《复杂性与后现代主义——理解复杂系统》，第 6 页。

[③] 〔法〕埃德加·莫兰：《复杂思想：自觉的科学》，陈一壮译，北京大学出版社 2001 年版。

[④] 〔法〕埃德加·莫兰：《复杂性思想导论》，陈一壮译，华东师范大学出版社 2008 年版，第 33 页。

[⑤] 〔德〕克劳斯·迈因策尔：《复杂性中的思维——物质、精神和人类的复杂动力学》，曾国屏译，中央编译出版社 1999 年版，第 16 页。〔德〕克劳斯·迈因策尔：《复杂性思维：物质、精神和人类的计算动力学》，曾国屏、苏俊斌译，辞书出版社 2013 年版，第 19 页。

　　第六,是拉兹洛的复杂性思想。拉兹洛的复杂性思想是从系统哲学开始的。拉兹洛的兴趣与研究都是多方面的,但他关于复杂性的论述并不集中,散见于他的许多著作中。比如他在《系统哲学引论》中关于"复杂适应系统"的论述中这样说:"'复杂适应系统'不仅对外是开放的,而且'对内'也是开放的,因为系统控制是不仅能使系统自我调节而且能使系统自定向的调节机制。"①在《进化——广义综合理论》中,他认为,进化的范式就是研究开放系统在自然界中经历比以往任何时候都更复杂和更加动态的发展历程时的奇特经历……而进化的范式就是复杂性的发展历程提供的。② 在为联合国做发展报告时,他提倡一种文化多样性与统一性的结合,而且统一性并非一致性,而是促进多样性的性质。③

　　第七,是英国系统方法论家切克兰德的"软系统思维"方法观点。切克兰德区分了系统的"软""硬",认为系统软硬主要区分的标志是人类研究的系统问题和环境有无确定性或确切的边界,由于他的主要工作和研究领域是管理科学领域,因此他关注的系统主要是人类社会的系统,包括人工系统。他意指的系统主要是人类思维的方法,而不是外在的自然和社会。系统只是人类看待事物和解决问题的思维方式。④ 这就把系统认识论化了。

　　① 〔美〕欧文·拉兹洛:《系统哲学引论——一种当代思想的新范式》,钱兆华、闵家胤译校,商务印书馆1998年版,第27页。
　　② 〔美〕欧文·拉兹洛:《进化——广义综合理论》,闵家胤译,社会科学文献出版社1988年版,第19页。
　　③ 〔美〕欧文·拉兹洛编辑:《多种文化的星球》,戴侃、辛未译,社会科学文献出版社2001年版。
　　④ 〔英〕彼得·切克兰德:《系统思想,系统实践(含30年回顾)》。

第八,是美国匹兹堡大学教授雷舍尔(N. Rescher)的复杂性概念。他从哲学观上总结了复杂性概念,给出了一个复杂性概念的分类(表 1-5)。[1]

表 1-5　复杂性概念的分类

认识论模型	计算复杂性（Formulaic Complexity）	描述复杂性（Descriptive Complexity）
		生成复杂性（Generative Complexity）
		计算复杂性（Computational Complexity）
本体论模型	组分复杂性（Compositional Complexity）	构成复杂性（Constitutional Complexity）
		类别复杂性（Taxonomical Complexity）（异质,Heterogeneity）
	结构复杂性（Structural Complexity）	组织复杂性（Organizational Complexity）
		层级复杂性（Hierarchical Complexity）
	功能复杂性（Functional Complexity）	操作复杂性（Operational Complexity）
		规则复杂性（Nomic Complexity）

而他自己在著作中则更倾向于使用认识论意义的复杂性概念即计算复杂性概念,他利用这种复杂性概念探讨了获得知识、科学的极限问题。

第九,是赫伯特·西蒙(司马贺)关于复杂性的思想。西蒙是诺贝尔奖得主,在复杂性的概念方面,他主要的贡献是提出了"分层复杂性"概念。所谓分层复杂性,意味着复杂系统具有层级结构,即复杂系统是由其子系统构成,而这些子系统又由其子系统构成,如此一级一级地组成复杂系统。在其著作《人工科学——复杂

---

[1]　N. Rescher, *Complexity：A Philosophical Overview*, Transaction Publishers, New Brunswick and London, 1998. p. 9. 中译本为〔美〕尼古拉斯·雷舍尔:《复杂性——一种哲学概观》,吴彤译,上海科技教育出版社 2007 年版。我们觉得这个分类表中最后的"功能复杂性"似乎叫作或分类为"方法论模型"更准确些。

性面面观》中,他讨论了"复杂性"概念、整体论与还原论关系、突现概念、复杂性与进化以及复杂性与层级系统的关系。[①]

我们力主复杂性的研究一定要依据科学本身。这并不是说,我们不可以提出关于复杂性认识的观点。但是,要规定一种复杂性概念,总是要有科学依据——事实的或者理论的,而不能想当然地仅凭直观或者想象提出复杂性观点,然后也不加以任何验证。我们这种批评绝不是空穴来风,而是有根据的。这种倾向在中国的管理科学和社会科学关于复杂性的研究中比较多见。

(二) 中国管理科学领域、社会科学领域的复杂性概念定义特征

中国管理科学领域、社会科学领域许多学者所提出的复杂性概念,占主流的基本上是基于直观经验的多样型结构性质的复杂性概念。这类概念的优点是概念内容与现象比较切合,缺点是基本无法进一步量化。因此,在自然科学领域基于计算或者算法的复杂性概念与此类概念有许多差异和不同。

多样型结构性复杂性概念对复杂性的定义特征有至少三个方面:组成成分种类繁多、存在层次结构、关联关系比较复杂。这与西利亚斯的阐释比较一致,而且相对早于国外的认识。

在20世纪80年代中期甚至更早一点,我国著名科学家钱学森提出了"开放的复杂巨系统"概念,他说:"……如果巨系统里子

---

① 〔美〕司马贺(赫伯特·西蒙):《人工科学:复杂性面面观》,武夷山译,上海科技教育出版社2004年版。

系统种类太多了,子系统的相互作用的花样繁多,各式各样,那这巨系统就成了开放的复杂巨系统。"①事实上,这里已经对"复杂性"有了一个比较明确的说法,即复杂的系统是子系统种类杂多(不是数量众多),子系统的相互作用花样繁多(不是数众和量多)。在钱学森组织的系统科学讨论班上的六人著作,也再次印证了这个复杂性定义:"在巨系统中,如果子系统的种类繁多(几十、上百上千等),并有层次结构,它们之间关联关系又很复杂,这就是复杂巨系统。"②后来,钱学森明确指出"开放复杂巨系统"有四个特征,"(1)系统本身与系统周围的环境有物质的交换、能量的交换和信息的交换。由于有这些交换,所以是'开放'的。(2)系统所包含的子系统很多,成千上万,甚至上亿万,所以是'巨系统'。(3)子系统的种类繁多,有几十、上百,甚至几百种,所以是'复杂的'。(4)开放的复杂巨系统有许多层次。……从可观测的整体系统到子系统,层次很多,中间层次又不认识,甚至连有几个层次也不清楚"③。

很明显,这种类型的对复杂性概念的描述,即"多样型"结构性的复杂性描述。事实上,国内绝大多数系统学者的复杂性概念都类似于"多样型"描述。

1993 年出版的《复杂性研究》是中国比较早体现各个学术领

---

① 钱学森:"基础科学研究应该接受马克思主义哲学的指导",《哲学研究》1989年第 10 期。于景元、涂元季编:《创建系统学》,山西科学技术出版社 2001 年版,第193 页。

② 王寿云、于景元、戴汝为等:《开放的复杂巨系统》,浙江科学技术出版社 1996年版,第 42 页。

③ 于景元、涂元季编:《创建系统学》,第 223 页。

域的复杂性研究思想的论文集。该论文集搜集了中国科学院举办的中国首次复杂性研讨会交流的 37 篇论文。涉及内容包括一般系统、社会系统、生命系统、人-自然系统、地球系统、日地系统、信息系统和科学系统的复杂性研究。其中,绝大多数文章是从研究对象涉及多样,研究内容涉及多个学科感受复杂性和认识复杂性的。

例如,文集开篇,张焘说,"目前,对复杂性尚无统一的认识。据我的认识,复杂性可以归纳为系统的多层次性、多因素性、多变性、各因素或子系统之间的及系统与环境之间的相互作用、随之而有的整体行为和演化"。① 於崇文在"探索地质现象的复杂性"一文中提出,可以从两种意义看复杂性,即从存在和演化意义来看复杂性。在存在的意义上,所谓复杂性,是指"事物具有多层次结构、多重时间标度、多种控制参量和多样的作用过程";在演化意义上,所谓复杂性,则是指"当一个开放系统远离平衡状态时,不可逆过程的非线性动力学机制演化出的多样化'自组织'现象"。② 其他如于景元、郑应平、姜璐、魏宏森和姜炜的文中复杂性概念基本上也是如此建基于多样性结构性的。

仅有 2—3 篇文章沿用科尔莫哥洛夫复杂性的探索进行了思索和论述。比较典型的如刘式达的"关于对复杂性的几点认识",提出了复杂系统有三个特征:层次性(hierarchy)、鲁棒性(robustness)、奇异性(singularity)。刘文既把复杂性建基于层次、结构,也把复

---

① 中国科学院《复杂性研究》编委会:《复杂性研究》,第 1—6 页。
② 同上书,第 240 页。

杂性建基于熵测度，而后者是建基于科尔莫哥洛夫复杂性基础上的。[①] 徐京华的"生物学的复杂性"，探讨了三类科学问题与复杂性的关系：复杂与信息量的关系、语法语言（计算）与复杂性的关系、动力学问题与复杂性的关系。文章提出，生物学更关心生命的瞬态行为，而瞬态和变化是复杂性的要素。徐文是建基于科尔莫哥洛夫复杂性基础上的。[②]

　　成思危主编的《复杂性的探索》(1999)是中国系统科学和管理科学学界复杂性研究中很具代表性的新论文集。成思危开篇的代序作于 1998 年，其中认为系统的复杂性主要表现为：(1)系统各单元之间联系广泛而紧密，构成一个网络；(2)系统具有多层次、多功能的结构；(3)系统在发展中能够学习并对其层次与功能结构进行重组及完善；(4)系统开放与环境相互作用；(5)系统动态发展并且有一定的预测能力。文集中成思危的另一文章的复杂性也是如此描述的。

　　涂序彦的复杂性概念是国内目前以日常语言对复杂性特性进行概括最完整的。他认为，复杂性有内部复杂性和外部复杂性两类：内部复杂性为关系复杂（多种关系）、结构复杂（多通路、多层次）、状态复杂（多变量、多目标、多参数）、特性复杂（非线性、非平稳性、非确定性），外部复杂性环境复杂（各种环境）、影响复杂（多输出、输入、多干扰）、条件复杂（物质、能量、信息条件）、行为复杂

---

① 中国科学院《复杂性研究》编委会：《复杂性研究》，第 65—69 页。

② 同上书，第 161—164 页。

（个体、群体行为）等。①

　　在中国关于复杂性的研究中，还有多个贡献者。其中绝大多数的观点是把复杂性作为复杂系统研究的。大多数哲学研究者也与相关的科学研究相结合，或自身也钻研到科学领域中，从中进行挖掘来进行哲学研究。

　　另外，还存在一种把简单复杂化的趋势和一种神秘化的趋势，即以难以认知、难以辨别等性质解读复杂性概念。

　　这一类观点使得复杂性概念离科学更远而离神话与迷信更近了。这类复杂性概念应该属于"隐喻型"的。不过这种"隐喻型"与国外"隐喻型"复杂性概念多有不同。前文已经说过，周守仁（1997）从本体论与认识论、质和量、绝对性和相对性、存在和演化、空间和时间的五个辩证角度阐释了复杂性的特性，他的最后概括是九个字：多（多层次、多级、多维、多线路、多方向、多变量、多元素、多样化、多重性、多规律性等）、非（非线性、非平衡性、非局域性、非单一性、非逻辑化、非划归性等）、超（超关系、超状态、超集合、超组织、超网络、超循环、超非线性、超不可能性、超协调逻辑等）、不（不可解性、不可判定性、不可分解性、不规则性、不可逆性、不确定性、不可能性等）、变（变异、变性、变策略、变模式、变形态、变坐标、变概率、变换的不变性等）、自（自组织、自适应、自生成、自

_____

　　① 涂序彦："复杂系统的'协调控制论'"，载成思危主编：《复杂性科学探索》，民主与建设出版社1999年版，第212—226页。这个概括非常全面，但也有经不住推敲的地方。例如，行为复杂是内部复杂性还是外部复杂性？关系复杂和结构复杂也有部分重合的地方。

随机、自避免、自纠正、自我更新、自我复制、自我修复等)、难(难分析、难理解、难处理、难控制等)、深(深层次、深机理等)、杂(杂化状态、杂错行为等)。他的定义是:复杂性是事物能体现其演化创新、内在随机、自生自主、广域关联、丰富行为、柔性策略、多层纹理、隐蔽机制的整体综合的属性和关系。[①] 我以为,这样的定义是一个理性和非理性杂糅的混合体,它与中国传统文化和日常语境关系密切,尽管作者文章的标题冠以"现代科学技术下的复杂性概念",但其内容本质上是一种离开现代科学技术的玄思结果。而且,这个复杂性描述也不经意地透露了中国关于复杂性认识的神秘性一面,由于存在这种神秘,使得复杂性概念就与中国以及其他民族传统文化中的神话传统、巫术传统联系起来了。复杂性的核心并不是神话、巫术,而我们的学者则似乎觉得只有把复杂性神秘化了,自己才掌握着复杂性研究的话语权,就像术数掌握者或者古代技术掌握者那样。这使得我想起了老子的思想,想起了在古代中国许多学者甚至都观察到了许多能够发端科学的现象,但他们都浅尝辄止,甚至所谓的中国古代科技大家譬如沈括在描述铅州苦泉可以熬出铜的现象时,不是深入探索成铜的机理,而是也把它归结为"阴阳""五行"的解释之中。愿意走向"玄之又玄,众妙之门",这种深深的文化缠绕,也在一定程度上体现了中国学术研究中文化和政治权力的意蕴。[②]

---

① 周守仁:"现代科学意义下的复杂性概念",《大自然探索》1997年第4期。

② 勒内-贝尔热:"欢腾的虚拟:复杂性是升天还是入地",《第欧根尼》1997年第2期。

　　中国的大多数学者关于复杂性的多样型结构性定义,第一,绝大多数停留在现象描述上;第二,由于满足于停留在日常语言和描述上,因此很难把它量化。许多人也不愿意做这种细致艰苦的工作。中国学者常常认为本体的复杂性很难量化。实际上,这种语言描述本身就限制了可量化的思考。而正是这种认识实际上也阻断了中国学者通过多样型结构性复杂性描述走向对于复杂性研究最具有意义的关系、网络复杂性测度的研究。本来,中国学者在复杂性研究上是那么地注重结构性,但是引入结构性并对结构性进行描述后,这种描述却戛然而止,不再继续深究结构是否可以继续分析下去。而国外学者建基于计算复杂性研究,他们更加注重复杂性是否可以量化。到 1998 年,结构性复杂性概念研究终于获得突破。1998 年,瓦兹(Watts)和斯托盖茨(Strogatz)在《自然》杂志上发表文章,引入了小世界(Small-world)网络模型,通过结构性的网络节点及其连接关系,以描述从完全规则网络到完全随机网络的转变。小世界网络既具有与规则网络类似的聚类特性,又具有与随机网络类似的较小的平均路径长度。[1] 1999 年,巴拉巴西(Barabasi)和艾伯特(Albert)在《科学》上发表文章指出,许多实际的复杂网络的连接度分布具有幂律形式。由于幂律分布没有明显的特征长度,该类网络又被称为无标度(Scale-free)网络。[2] 而后

---

　　① Watts D. J. , Strogatz S. H. , Collective Dynamics of "Small-world" Networks, *Nature* , 1998, 393: 440-442.

　　② Barabasi A.-L. , Albert R. , Emergence of Scaling in Random Networks, *Science* , 1999, 286: 509-512.

科学家又研究了各种复杂网络的各种特性。[①] 终于通过网络这种结构把复杂系统的结构给量化了，而且还给出了量化变化对于复杂系统演化的作用。这给我们以极大的启示，难道在我们的文化和语言存在中就排斥深入研究和量化吗？我们如何走出这种描述困境呢？事实上，进入管理科学研究的后期，在管理科学领域关于复杂性研究的工作，还是很重视复杂性在各个领域中的量化研究的。

（三）中国哲学领域的复杂性概念研究

中国从事哲学研究和科学哲学研究的学者中有不少从事系统哲学研究，并且在一定程度上研究过"复杂性"。这些研究相当多且非常丰富，它们推进了中国学者关于复杂性哲学的研究。

在这个方面，较早开始从自组织的哲学研究介入复杂性哲学研究的是北京师范大学的学者，首先是我的导师沈小峰先生。沈小峰先生及其他带领的团队首先从自组织入手探索存在与演化的关系，译介相关文献，比如普里戈金的"耗散结构论"、哈肯的"协同论"与"超循环论"等，都是沈小峰先生及其同事、学生首先译介到中国大陆学界的，并且首先进行了比较深入的研究[②]，探索新的各个自组织理论的哲学思想[③]，探索复杂性概念与思想对于辩证法

---

① Strogatz S. H. ，Exploring Complex Networks，*Nature*，2001，410：268-276.

② 〔比〕伊利亚·普里戈金：《从存在到演化》，沈小峰译，北京大学出版社 2007 年版。〔比〕伊利亚·普里戈金、斯唐热：《从混沌到有序——人与自然的新对话》，曾庆宏、沈小峰译，上海译文出版社 1987 年版。

③ 沈小峰、胡岗、姜璐：《耗散结构论》，上海人民出版社 1987 年版。郭治安、沈小峰：《协同论》，山西经济出版社 1991 年版。

的丰富意义①,在丰富和发展传统的辩证法思想方面补充了不少来自自组织与复杂性的概念与范畴②。在自组织的哲学、自组织的自然观和自组织的科学、自组织的方法论等方面做出了很多重要的研究,推进了中国复杂性哲学的研究,甚至形成了中国科学哲学界或自然科学哲学问题研究领域的"自组织学派"。③

　　其次,是清华大学以魏宏森教授为首的研究,他们以传统的自然辩证法范式为基本视角,从系统科学哲学入手,探索复杂性的思想在各个领域的运用,对科技战略与社会发展做出了重要贡献。④其实,从 1994 年曾国屏教授加入清华团队,我 1999 年加入清华团队,清华大学的复杂性哲学研究实际上与北京师范大学的自组织哲学研究就融合了起来。在此期间,由于北京大学科学哲学专业毕业的潘涛博士加盟出版业(上海科技教育出版社,后上海辞书出版社),引入不少和复杂性相关的外文著作,我们翻译了不少相关

----

① 沈小峰:"试论简单性与复杂性范畴",《北京师范大学学报》(社会科学版),1982 年第 4 期。在该文中,沈小峰先生除了指出简单性与复杂性是对立统一的关系,并且以自然界的各种现象为例,论证了这种相互关系外,还特别批判了"简单化"的倾向,并特别提出了要注意研究复杂性。此外,他以耗散结构论为例,指出当今应该特别研究复杂性问题。

② 沈小峰:《混沌初开:自组织理论的哲学探索》,本书有两个版本,分别是:北京:北京师范大学,1993 年版,2008 年版。这本著作实际上是沈小峰先生与其多个合作者、学生对于自组织、复杂性探索的论文集锦。其主要合作者有曾庆宏、郭治安、姜璐等,学生主要有王德胜、吴彤、曾国屏等。

③ 沈小峰、吴彤、曾国屏:《自组织的哲学:一种新的自然观和科学观》,中共中央党校出版社 1993 年版。曾国屏:《自组织的自然观》,北京大学出版社 1996 年版。吴彤:《生长的旋律——自组织演化的科学》,山东教育出版社 1996 年版。

④ 魏宏森、曾国屏:《系统论——系统科学哲学》,清华大学出版社 1995 年版。这本著作又有多个再版,如世界图书公司 2009 年版,江西科学技术出版社 2019 年版。魏宏森:《复杂性系统的理论与方法研究探索》,内蒙古人民出版社 2008 年版。

的复杂性科学与哲学文献。特别值得指出的是,雷舍尔和西利亚斯的两部重要的从哲学角度探讨复杂性著作的译著引入中国本土,对于复杂性概念的认识有重要的推进。[①]

第三,是华南方面,其中主要以张华夏先生等人的研究突出。华南方面最后在华南师范大学形成了一个"复杂性哲学"研究的南方中心,他们在颜泽贤教授、张华夏教授的带领下,多次召开相关会议,多次研讨复杂性相关的哲学问题,也产生了不少相关研究成果。[②] 他们有不少是与复杂性哲学相关的著述。[③] 在颜泽贤主编的《复杂系统演化论》中,他们对于复杂性是这样定义的:(1)复杂性是客观事物的一种属性;(2)复杂性是客观事物层次之间的一种跨越;(3)复杂性是客观事物跨越层次的不能够用传统的科学学科理论直接还原的相互关系。

这个阐释性的定义首先指出,复杂性不是人们认识不清带来的问题,而是"客观事物"的属性;其次,这个定义比较注重相互关系;第三,谈及人类认识论意义上对于复杂性的认识属性。与西利亚斯的阐释相比,这个定义更抽象一些。

[①] 这个方面的译作很多,例如,克拉默:《秩序与混沌——生物系统的复杂结构》,柯志杨、吴彤译,上海科技教育出版社 2000 年版;莱文:《脆弱的领地——复杂性与公有域》,吴彤、田小飞、王娜译,上海科技教育出版社 2006 年版;西利亚斯:《复杂性与后现代主义》,曾国屏译,上海科技教育出版社 2006 年版;雷舍尔:《复杂性:一种哲学概观》,吴彤译,上海科技教育出版社 2008 年版。

[②] 颜泽贤、范冬萍、张华夏:《系统科学导论:复杂性探索》,人民出版社 2006 年版。

[③] 颜泽贤等主编:《复杂系统演化论》,人民出版社 1993 年版。范冬萍:《复杂系统突现论:复杂性科学和哲学的视野》,人民出版社 2011 年版。

就单个学者的研究而言，中国人民大学的苗东升教授在复杂性哲学研究方面，很是突出。他很注意从科学本身出发，并且注意复杂性科学与哲学对于马克思主义哲学的意义，也特别对于复杂性研究中一些概念的辨析。例如，对于"自组织"与其对立面"被组织"或"他组织"概念哪一个更合适，对于英文 emergence，译介为"涌现"还是"突现"更合适的辨析，都有独立的见解。① 最早从马克思主义哲学视角出发讨论复杂性哲学的，可能是武汉大学的赵凯荣教授。② 对复杂性哲学研究比较深入的年轻学者有不少，其中中国人民大学的刘劲杨是探索比较深刻的一个。③ 他探讨了关于整体论与还原论的争论，对当代整体论做了类似于分析哲学式的形式分析，分析对比了构成与生成整体论④，对复杂性研究的四种理论进行了哲学反思，提出并分析了不同视野中的复杂性。例如，复杂性转向——科学文化视野中的复杂性，从存在到演化——本体论视野中的复杂性，从对立到互动——认识论视野中的复杂性，从构成到生成——方法论视野中的复杂性，从寻求确定性到挑战确定性——科学观视野中的复杂性，从理解到应对——实践视

---

① 苗东升：《开来学于今：复杂性科学纵横论》，光明日报出版社 2009 年版。苗东升：《复杂性管窥》，中国书籍出版社 2020 年版。

② 赵凯荣：《复杂性哲学》，中国社会科学出版社 2001 年版。赵凯荣本科就读于内蒙古大学哲学系 83 级(1983—1987)，那时我做过他们一年的班主任，并且开设过系统科学哲学的课程。赵凯荣是陶德麟先生的博士生。

③ 刘劲杨：《哲学视野中的复杂性》，湖南科技出版社 2008 年版，第 9—12 页。

④ 刘劲杨："论整体论与还原论之争"，《中国人民大学学报》2014 年第 3 期；刘劲杨：《当代整体论的形式分析》，西南交通大学出版社 2018 年版。

野中的复杂性。① 其实,在我看来,这些分野只是人们看待复杂性的一个角度而已,实际上复杂性的这些幅画面或面孔就是人们在理解一个复杂性真身时得到的某种表象而已。比如,"生成"就不是复杂性的本性吗？另外,我的学生黄欣荣博士也在复杂性的科学与哲学、复杂性的科学方法论的研究也有一定的深度与广度。② 硕士毕业于清华大学(导师魏宏森)、博士毕业于中国社会科学院(导师金吾伦)的郭元林在博士阶段专门研究了复杂性知识论,在博士论文研究基础上出版的《复杂性科学知识论》,既全面讨论了复杂性的定义,又特别从知识论的视角和科学史的视角研究了复杂性科学的发展史。他认为,复杂性科学在知识论的视角看来,经历了研究存在、研究演化和综合研究三个阶段。③

---

① 刘劲杨:"穿越复杂性丛林——复杂性研究的四种理论基点及其哲学反思",《中国人民大学学报》2004 年第 5 期。

② 黄欣荣:《复杂性科学的方法论研究》,重庆大学出版社 2006 年版。黄欣荣:《复杂性科学与哲学》,中央编译出版社 2007 年版。

③ 郭元林:《复杂性科学知识论》,中国书籍出版社 2013 年版。

第二章　复杂的实在论研究

复杂性科学及其研究发展至今尽管还不成熟，但不是就不能对它进行哲学研究。从科学哲学观点看，对它也有一个理论评价的问题。一般科学哲学的论旨主要包括三个重要的方面：认识论论旨、形而上学论旨和伦理学论旨。本章力图以科学哲学的观点，在前两个论旨上对发展至今的复杂性研究的实在概念做出一定的分析和评价。

一、复杂性概念所指称的实在

对复杂的实在是仅做一种现象的揭示，还是对其机制进行说明？这是复杂性研究面临的问题，也是科学哲学分析复杂性各种概念面临的不可回避的一个任务。

实在是一个经常使用但含义模糊的术语，既然它指存在之所是，那么就与"现象"对立。因此，复杂的实在绝不是指出复杂的现象就可以了。因此，我们仅仅说某种现象类型是复杂的，那不是复杂的实在，而是复杂的现象。

本体论的复杂性概念是如何描述实在的呢？所在的存在，毕竟有其本质，当然这个本质也是有语境和地方性性质与限制的。

因此,复杂的实在是可以在一定局域中描述的。按照洛克有关于实在的两种区分的本质,一种是名义的本质,另一种是实在的本质。所谓名义的本质,是关于实在的一组性质,是人们从各种经验观察到的现存性质中构造出来的,或者是在一个观念或名称下收集来的;所谓实在的实在本质,是每一事物实在的然而未知的结构,指一切存在的总体。

与牛顿经典力学指导下的实在观不同,复杂性概念所指称的实在是流动的实在,是过程的实在,是语境依赖的实在。这是两者之间最大的差异。

正如埃里克·B.登特(Eric B. Dent)对传统和涌现的世界观描述符(基本词汇)进行比较所描述的那样[1],我们认为复杂性研究所描述的实在与传统理论描述的实在之间的主要差异如表 2-1。

表 2-1　复杂的实在和简单的实在之间的差异

正在涌现的复杂性研究视野中的实在	传统理论视野中的实在
可分析的整体论的实在	还原论的实在
非决定论的实在	决定论的实在
视野中的实在	客观论的实在
呈现互为因果关系的实在	呈现线性因果关系的实在
观察者处于实在中观察实在	观察者处于实在之外观察实在
实体相互关系比实体本身重要	离散的实体本身重要
非线性相互关联—各种临界阈限	线性相互关联—各种边际增长
实在是涌现的、新奇的和或然的	实在是永恒的、不变的和可预言的
形态形成的隐喻	装配的隐喻

注释:引自 Eric B. Dent(1999),但做了压缩和一定的修改。

---

① Eric B. Den. ,Complexity Science:A Worldview Shift,*Emergence*,Vol. 1,No. 4,1999:5-19.

在复杂性研究的视野下,我们认为复杂性理论对复杂的实在的描述至少有如下一些基本特征。

第一,被考察的实在具有演化中的结构特性,甚至实在具有生成的意义。例如,作为复杂性概念之一的深度(depth)概念,就在一定程度上描述了达到实在的难度;热力学深度,所指的就是预先有一个框架而要得到关于"实在"对象的描述所经历过的步骤(可以用时间,也可以用认知中花费掉的成本或者代价进行度量)。新近发展起来的并且引起学界高度关注的复杂网络研究,构筑了各种描述复杂网络的物理概念,在一定程度上解决了说明复杂性现象的拓扑关系结构问题,不仅对复杂性关系做出了说明,而且对其结构和演化做出了一定的因果解释。[①] 笔者对其哲学意义也做了一定程度的阐释。[②] 关于网络复杂性的问题,我们将在复杂的实在之属性研究中加以讨论。

第二,被考察的实在具有语境或路径依赖特性;实在是历史的,与观察者在实在中的位置、时间和演化的条件都有关系,实在的演化具有路径依赖性。例如,隐喻性的复杂性概念之一"适切景观"(fitness landscape)所描述的复杂性涵义就是一个被描述的对象是与对象所处的环境相关的,描述不可避免地必定涉及环境,而且描述是随着对象与环境相互作用共同演化而变化的。关于复杂性描述的概念之一——模拟退火的概念也是同样,路径依赖的概

---

① D. J. Watts, S. H. Strogatz, Collective Dynamics of "Small-world" Networks, *Nature*, 1998, 393:440-442. A. -L. Barabasi, R. Albert, Emergence of Scaling in Random Networks, *Science*, 1999, 286: 509-512.

② 吴彤:"复杂网络研究的哲学意义",《哲学研究》2004 年第 8 期。

念和混沌边缘的概念都隐喻地指出了复杂性产生的局域、复杂性关联的场所和时空。

第三,被考察的实在具有关系依赖性;存在于实体中的关系,在某些演化过程中甚至比实体本身还对实在有更重要的意义、影响和作用。关系的瞬态和变化是复杂性研究关注的最重要的要素。对实在的绝大多数描述不是直接通过有指称对象的实在概念进行,而是通过认知实在的难度或者代价加以衡量。用人的认识把握实在,避免了直接在思维中说出"客体的"实在之窘境。

由以上特性看,复杂性理论视野中复杂的实在,其基础的哲学观点是一种结构-关系并存的实在论观点,是一种过程实在论的观点。

二、复杂实在的测度与理论评价

在复杂性研究的视野下,复杂的实在不是混沌一片,而是可分析的实在。在复杂性研究中,实在的复杂性是可测度的。关于复杂的实在的测度还可以进一步区分为对理论假定的实在本身的复杂性研究概念的测度和对复杂性理论本身及其概念复杂程度的测度。

(一) 对理论假定的实在本身的复杂性研究概念的测度

一般而言,对复杂的实在有两种测度:通过认识论达到本体论的路径进行测度,通过本体论进行直接的实在结构描述比较进行测度。前者走了一条避开本体论的实在预设，而是以在实在中参与实在的实践，感受到实在的认知的道路；后者则在直接的实在操作和演化的预设下，撇开行动者的认识差异，以认识成果直接替代实在的测度道路。

第一，通过主体认知的困难程度或者认知付出的代价大小推论被研究的实在的复杂性程度。这事实上是走了一条从认识论到本体论的路径。其预设的哲学假定是承诺本体论上有一个实在，但是我们无法直接研究它，而是可以通过人类对其认识的程度来多少反映本体上的被研究的实在的复杂程度。是一种朴素实在论的立场。当我们假定存在一种普遍的人类智慧（各个体之间的主体可交流性支持了这个假定，波普尔意义的世界三也部分地支持了这个假定）时，那么认知代价就具有了普遍化的意义。这种复杂性程度的度量，今天可以在原则上以通用图灵机来代表。当然反过来其存在问题也不少。例如，主体间性带来的复杂性问题（不同主体境况不同，对同一对象、问题由于认知不同、交流理解不同还会在对象复杂性本身之上附加、嵌入认识的主体间性的复杂性）在这里被避开了，不过这种复杂性好在是属于认识论范畴的。本体论上可以避开它暂且不谈。然而，简单性为基础信念的科学同样问题不少，甚至问题更多，因为后者不仅假定存在一个实在，而且假定存在一个简单的实在、一个统一的实在。

第二，直接走本体论的结构和其效能描述的道路。即通过比较所认识对象的组分多少、层次多少、异质性境况、关系连接状况以及运作境况来判断对象实在的复杂性程度大小。例如，比较机器三轮车、汽车和喷气航空器的部件，后者部件数量更多、类型更多,因此更为复杂。再例如,粒子、原子、分子、宏观水平的物理客体、恒星和行星、星系、星云等,或分子、细胞组织、有机体、群体等,从这种观点看,这里更高层次单元总是比较低层次单元更复杂些。

其实,就是第二条路径也没有从根本上避开认识论,我们不能不通过现存的科学以及正在发展出来的新的科学本身认识自然。我们所研究和知晓的自然,即使是不在某种科学视野下的自然,也是在某种主体社会思考中的自然,复杂的实在也不例外。

然而,好在复杂性理论研究强调了过程和流变,因此我们对对象的复杂性的考察只能在具体的局域和时空条件下进行讨论。这里因而承认了客观和主观共同具有相对性。

(二) 对复杂性理论本身及其概念的复杂程度的测度

目前被称为复杂性理论的、作为成形的、成熟的经验科学的理论形态,还没有一个成为普遍化程度如同牛顿理论、相对论或者量子力学那样的经验科学理论。在数学方面,有计算复杂性理论,目前发展得不错;有分形几何(拓扑)学,也已经成功获得重要应用。20 世纪 60—70 年代发展起来的自组织系列理论——耗散结构理论、协同学和超循环理论以及数学的突变论等,有过重要的发展和应用。另外,在统计物理学中和社会学中,关于网络分析的方法已经产生了一些重要的概念和成果。以上各种理论都有一定程度的经验应用。但是,这些理论尽管从不同侧面分析了系统的复杂演化特性,但始终未能形成统一的具有相同数学形式和方法的理论。

从复杂性理论关于复杂性概念的界定和测度判断标准看,如同科学哲学理论侧重理论进步的评价一样,复杂性理论的评价是,评价哪个理论可以成功解释的对象更为复杂,哪个理论的解释力就更强。如何评判一个理论与另外一个理论哪个更复杂呢?复杂性理论中的某些理论已经形式地给出了一些标准和实例。

以计算复杂性理论为例,计算复杂性理论的目标就是通过比较不同的递归函数的复杂程度,寻找哪些函数更复杂,为复杂的可认识的实在寻找在当下理论视野中的复杂性解。因此,在原则上,计算复杂性理论排除了不可认识的对象,比较了可认识对象的难度。在可认识的对象中,又比较了什么是可计算的,什么是不可计算的。其中有一些难题激励着人们去投入智力。因此,复杂性理论成功地说明了函数之间的复杂性关系。例如,按照算法复杂性理论,现在已知不同算法复杂性(上界)比较如下:

常见的六种多项式时间算法的复杂性关系:

$$O(1) < O(\log n) < O(n) < O(n\log n) < O(n^2) < O(n^3)$$

常见的三种指数时间算法的复杂性关系:

$$O(2^n) < O(n!) << O(n^n)$$

并且给出了问题的复杂性类:(1)无算法;(2)有算法,但不存在多项式算法;(3)有多项式算法。其中,(1)类,复杂得我们还无法描述;(2)类比(3)类就在现有的理论和数学、技术工具背景下更加复杂。

就理论的解释力而言,复杂性理论对某一类对象(如混沌边缘的对象)的解释力明显好于传统理论(例如,分形理论借助计算机技术很成功地模拟了破碎形体如树木、山川、河流形态),但是复杂性理论没有做到以往的相对论和量子力学取代牛顿力学的成功,而是与现在的主流经典理论形成了各自说明不同领域对象的分而治之的境况。这就对人类希望统一的心态给予一击,复杂性研究的各个理论的出现给了科学上一种战国态势。多元化、多样性成为此时经验科学的一种形态,这是最终的科学形象吗?我们可以就以此为基态对今天的科学说三道四,认为科学哲学的基础可以通过复杂性科学进行重构吗?目前妄下结论还为时过早。

三、目前复杂性研究中可以得出的关于实在论的观点

综上所述,复杂的实在至少在目前的复杂性科学研究中,其基础的哲学观点是一种"结构-关系"并存的实在论,是一种"条件-过程"实在论,是一种"历史-语境"的实在论。

复杂的实在观是流变的结构主义实在观。它认为实在存在结构,因此它不是解构主义,而是结构主义的。不过,它不是刻板的结构主义,而是流变的"软"结构主义,如同它所重视并经常引用的案例——贝纳德流中的元胞,它认定结构在演化中形成,在演化中改变。它特别重视结构中的关系及其变化,并且对关系的说明越来越符合定量化的传统科学标准,这就促成了复杂性研究的科学化。

复杂的实在观是条件建构的实在观。它认为条件极其重要,条件形成过程,过程催生条件,条件与过程纠缠,形成复杂的演化。对条件的依赖,条件的改变形成完全不同的演化,表明复杂的实在观的可分析性不是传统科学的可分析性,复杂科学对象演化的规律不是传统意义的定律,而是条件-因果观性质的定律。

复杂的实在观也是"历史-语境"的实在观。一个理论观点强调历史依赖性、路径依赖性,强调历史对现实的影响不可忽视,很明显,这个理论的哲学基础应该是历史主义的,是语境主义的。

复杂的实在观是一种多元论的演化实在观。它承认存在本质,但是反对只存在一个不变的本质;假定存在本质间的替换和变迁。因此,复杂的实在观是一种多元论的实在观,但它不是多元并存的实在观,而是演化过程的多元实在观。这就不违背本质的定义或者直观的意义。这种本质观,是非本质观,但不是反本质观。

复杂的实在观是关联认知过程的"认识-本体"实在观。它以认识为载体反观实在的复杂测度,让我们正视无法脱离主体认识的实在,只能是视阈中的实在,是经验的实在,是实践中的实在。在这个意义上,复杂的实在观又是经验主义的实在观,是依赖于认知测度的实在观,是实践主义的实在观,但是它又把测度架构在关于相同对象的两个不同理论认识的比较上。虽然无法避免相对主义的阴影,但巧妙地避开了认识主体的干扰,形成了局域和定段的复杂测度的客观性。

最后,复杂性研究起源于各个学科,是一个综合和交叉学科研究为基本特征的新型研究。尽管在物理学领域中,复杂性研究进行得最好,但是生物学、生态学、认知科学借用复杂性概念和研究范式进行本领域研究已经成为这些学科中的一个重要特征,这表明复杂性认识在这些学科领域发挥着更大的作用,有着更大的方法论和认识论意义。这也给科学哲学研究提出了新问题,即在多大程度上复杂性概念及其研究提出了与建基于物理科学基础上的以往学科不同的东西,由于复杂性的涌现,未来科学哲学是否可以有异于物理学的基础？

四、复杂实在的各种属性

以复杂性的视野观察我们身处其中的世界并且经由实践进行抽象，我们就能够发现实在世界许多的复杂性特性。例如，可以从结构、功能、关系、组分、演化发展等方面去考察实在的特性。我们把实在的这些复杂性特性分类和总结如下。

（一）结构复杂性

文献中有多种表述的结构复杂性（Structural Complexity）。美国匹兹堡大学教授雷歇尔（N. Rescher）认为，结构复杂性包括两类复杂性。他指出，结构复杂性由组织复杂性和等级复杂性组成。[①] 其中，组织复杂性（Organizational Complexity）是在相互关系的不同模式中，构成组分排列的各种可能方法的多样性；等级复杂性（Hierarchical Complexity）是在包含和包容模式中的次要关系的精致构成境况。

美国资深记者约翰·霍根（John Horgan）对复杂性学科发展做过多次报道和评论。他认为，在科学家眼中，等级复杂性也可以视为结构复杂性的一部分，它是由一个分级结构系统不同层次所

---

① Nicholas Rescher, *Complexity，A Philosophy Overview*, Transaction Publishers, New Brunswick and London, 1998. p. 9.

显示的多样性。①

　　在中国的复杂性研究中具有重要代表性的著作《复杂性科学探索》中，成思危认为，系统的复杂性主要表现为：系统各单元联系广泛而密切，构成网络；系统具有多层次、多功能的结构；系统在发展过程中能够不断学习并对其层次结构和功能进行重组及完善；系统是开放的，与环境联系紧密，并能向更好的适应环境的方向发展；系统是动态的，处于不断发展变化之中。其中结构复杂性表述为"各单元联系广泛而密切，构成网络，多层次"。②

　　而同一著作中，涂序彦认为，复杂性有内部复杂性[关系复杂（多种关系），结构复杂（多通路、多层次），状态复杂（多变量、多目标、多参数），特性复杂（非线性、非平稳性、非确定性）]和外部复杂性[环境复杂（各种环境），影响复杂（多输出、输入，多干扰），条件复杂（物质、能量、信息条件），行为复杂（个体、群体行为）]。其中结构复杂性明确表述为"多通路、多层次"。③

　　由此可见，公认的结构复杂性性质中包括多部分组成（要素数目多）、多层次、多通路（称多连通性，connectivity）。当然，结构的局部不稳定性造成的结构复杂性并没有被包括进去。后者实际上是一种演化或动态的复杂性。而前者相对而言都是静态的复杂性。然而，我们可以推广，即只要把这种突变的或者不稳定结构视

　　①　John Horgan, From Complexity to Perplexity, *Scientific American*, Vol. 272, No. 6, 1995：104-109.

　　②　成思危："复杂科学与管理"，载于成思危主编：《复杂性科学探索》，民主与建设出版社1999年版，第1—15页。

　　③　涂序彦："复杂系统的'协调控制论'"，载于成思危主编：《复杂性科学探索》，民主与建设出版社1999年版，第212—226页。

为动态变化已固化在某种相空间的结构里,就能够把这种静态结构转化为动态复杂性的某个时刻的"快照"。

总结各家所论,我认为,结构复杂性可以表述为由结构的静态复杂性和动态复杂性两个部分组成,其中静态复杂性又包括层次复杂性和单层次中的排布多样性构成的复杂性。动态复杂性主要指结构的演化中包含的结构变化和不稳定性。现在我提出我的结构复杂性概念。我曾经就结构复杂性做过描述性属性的分类,把结构复杂性区分为以下两种。[①]

第一,分形结构的复杂性是指事物内部结构具有多层次、多部分,并且各个部分相互联结、嵌套、递归和相似,而与分形相对应的整形则是简单的。一个实心的圆柱体是整形,而一棵树或者一棵草则是分形。比较图 2-1,我们就能够在直观上看到它们的复杂与简单(当然世界上没有自然的、绝对的圆柱体,但是近似的圆柱体还是可以发现的,特别是人类运用技术创造的圆柱体更是比比皆是)。

图 2-1 分形的树(左)和整形的圆柱(右)

假如我们比较两个事物的复杂程度,首先就可以寻求它们是否在结构上具有分形特征。如果其中一个事物具有分形特性,而

---

① 吴彤:"科学哲学视野中的客观复杂性",《系统辩证学学报》2001 年第 4 期。

另一个没有这种特性,那么我们就可以判断具有分形特征的事物比没有分形特性的事物更复杂。然后,我们把具有分形特征的事物进行分形的复杂性测度,就能够进一步得出分形事物的复杂性量化的描述。从这种量化描述中我们可以得到许多该事物的信息,并了解它的各个特性。

比如,在比较两个具有分形特性的事物中,我们就可以根据它们分形维的大小知道它们的复杂程度。比较图 2-2,我们当然在直观上能够知晓左图的树比右图的树更复杂;然而,在科学上,通过分形维数的计算我们能够得到同样的结论,而且不必比较两个图,不必直观地做出观察,我们就能够获悉两个事物的复杂性境况,这当然是一种科学进步。

图 2-2　具有分形特性的两棵树的复杂程度比较

第二,不稳定结构复杂性是指突变论意义上的不稳定结构(它涉及结构稳定性,局部非稳定的结构具有多个分岔点、鞍点,因此是复杂结构)的复杂性。以图 2-3 突变论中的初等突变——尖点突变结构为例,我们看到这个在三维结构中反映出来的上表面不是一个完全平滑的平面,在有些部分它具有连续性和平滑性,在有些部分则是间断的、突跳的。对应投射到底平面的那个尖点附近区域,在尖点以上是平滑区域,在尖点以下是间断区域。这种既包括平滑也包括间断区域的整个领域就是部分不稳定结构。

一般而言,就其稳定与不稳定比例而言,不稳定结构存在两种结构,第一,不稳定区域占据主导地位,这种结构是真正意义的不稳定结构复杂性的结构;第二,稳定结构占据支配地位的结构,这种不稳定结构不是真正意义的不稳定结构复杂性的结构。

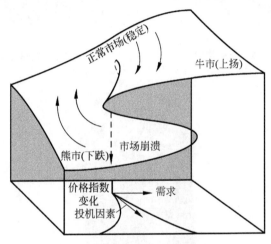

图 2-3　一个突变尖点模型状态结构

以数学上的鞍点结构而言,所谓鞍点结构(图 2-4),"鞍点"在三维空间中定义(图中的坐标原点),经过"鞍点"平行于 z 轴的平面束代表无穷多个发展方向,每个平面与曲面相交得到对应的曲线,代表该方向的发展轨迹。不同的方向有的上升,有的下降。在这种结构中,仅有少数的稳定方向,在大部分区域中存在着无数的不稳定方向。形象地看,一个碗形结构到处都是稳定方向,因为在这种结构中,一个动能足够小的小球无论如何运动都无法走出碗,而只能最终稳定在碗底(图 2-5)。而一个鞍点结构就不同了,在其稳定方向,小球可以最终稳定在鞍点上,然而在其他不稳定方向,小球将不会再回到鞍点上(图 2-6)。

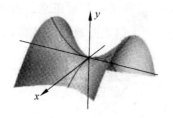

图 2-4　鞍点结构

图 2-5　碗形结构

图 2-6　实际的马鞍

那么,如何测度结构复杂性呢?

首先,结构复杂性包含内容如下:

$$结构复杂性 \begin{cases} 静态结构复杂性 \begin{cases} 一层次内部的结构复杂性 \\ 多层次之间的结构复杂性 \end{cases} \\ 动态结构复杂性 \end{cases}$$

令结构复杂性表示为 C_S，静态结构复杂性表示为 C_{S1}，动态结构复杂性表示为 C_{S2}，而一层次内部的结构复杂性用组织复杂性表示为 C_o，多层次结构复杂性用层次复杂性表示为 C_H，则结构复杂性测度可以表达如下：

$$C_S = C_{S1} \times (C_{S2} + 1) \tag{2-1}$$

其中

$$C_{S1} = C_O + C_H \tag{2-2}$$

当动态复杂性为零时，系统的结构复杂性等于静态结构复杂性，即满足了直观的复杂性要求。

借鉴科学家对生态网络复杂性的研究和基因遗传网络的研究，我们还可以进一步测度结构复杂性内部的特征。

令要素数目以 n 表示，多通路即连通性可以表示为可能的交互作用数目，可以表示为：

$$C = 2L/[n(n-1)] \tag{2-3}$$

其中 L 是系统内部要素交互作用数。这样一层次内的组织复杂性 C_o 可以表示为：

$$C_o = \frac{2\alpha\beta L}{n(n-1)} \tag{2-4}$$

其中 α 是 n 的权重系数，而 β 也是连通性的权重系数。这两个系数要根据具体系统而定，这也是复杂性具备个性的表现。

层次复杂性首先与层次数目有关，用 N 表示层次数，层次越多，复杂性越大。

层次连通性同样可以表达为：

$$C_N = 2M/N(N-1) \tag{2-5}$$

其中 M 是层次间交互作用数。层次的复杂性不仅表现为层次之间存在连通性（相似性，分形特征），而且表现为层次之间的异质性（即涌现性）

把涌现的新质数表达为 X，则层次复杂性 C_H 可以表达为：

$$C_H = \frac{2\varepsilon M}{N(N-1)} \tag{2-6}$$

其中 ε 是层次异质性权重系数，也要根据具体系统赋值。这恰恰是复杂系统个性的体现，是无法一般化的个性赋值系数。

于是，结构复杂性可以表示为：

$$C_S = (1+Y)\left(\alpha n + \delta NX + \frac{2\alpha\beta L}{n(n-1)} + \frac{2\varepsilon M}{N-1}\right) \tag{2-7}$$

讨论 1：

n≠0 与 1，因为 n＝0 意味着系统内没有要素，n＝1 意味着只有一要素，这都与系统定义违背，所以 n>1。

N 可以为 1，但是 N≠0，而 N＝1 时有发散问题，只好令 N 等于 1 时，最后一项不存在，也符合物理图景。

讨论 2：

令 n 趋于无穷，C_S＝无穷。注意主要起作用的是第一项。这并不令人满意。

可能有两个解释：第一，要素数目本来就是复杂性增长中最重要的因素，其中能够起支持作用的案例是推销商城市访问案例；第二，建模仍然存在问题，需要继续改进。

这里需要回顾一下推销商路线选择问题。假设某位推销商要走访一组的所有城市，且经过每一个城市的次数只能一次，问最短路线？则是一个典型的计算复杂性理论中的 NP 问题。其复杂性程度是随着要素数量增长而呈现指数增长的案例。这是一个原则上存在算法，但是当要素数目增长到一定数量后无法在实际中实现的一个复杂性案例。

这里计算其最短路线并不能重复行走路线的算法为（N－1）！/2。

当城市为 3 个时，只需要计算 1 条路线；当城市为 5 个时，就需要计算 12 条路线；当城市为 8 个时，已经需要计算 2520 条路线（表 2-2）。

表 2-2 随着城市增长计算路线的增长概况

城 市 数 目	路 线 数 目
3	1
4	3
5	12
6	60
7	360
8	2 520
9	20 160
10	181 440
15	4 358 914
20	10 000 000 000 000

结构复杂性最关注或最重要的是结构中的关系以及这些关系的变化。如果能够量化这些关系并且把结构中的不同关系赋予一定的权重，那么结构中的关系复杂性测度就可以进行度量。这种度量事实上已经在复杂网络研究中初步实现了。

（二）网络复杂性[①]

网络复杂性（Network Complexity）是一种特殊的结构复杂性，之所以把网络复杂性单列出来，是因为这种复杂性概念和其操作注重的是结构中的关系和关系中的节点及其变化。近年来，网络复杂性研究有很大的新进展。

近年来，学界关于复杂网络的研究正方兴未艾。特别是，国际上有两项开创性工作掀起了一股不小的研究复杂网络的热潮。一是 1998 年瓦特（Watts）和斯托盖兹（Strogatz）在《自然》杂志上发表文章，引入了小世界网络模型，以描述从完全规则网络到完全随机网络的转变。小世界网络既具有与规则网络类似的聚类特性，又具有与随机网络类似的较小的平均路径长度。[②] 二是 1999 年巴拉贝西（Barabasi）和艾伯特（Albert）在《科学》上发表文章指出，许多实际的复杂网络的连接度分布具有幂律形式。由于幂律分布没有明显的特征长度，该类网络又被称为无标度网络。[③] 而后科学家又研究了各种复杂网络的各种特性。[④] 国内学界也已经注意到了这种趋势，并且也开始展开研究。[⑤] 加入复杂网络研究的学

---

① 本节大多数内容已经发表在：吴彤：“复杂网络研究的哲学意义”，《哲学研究》2004 年第 8 期。

② Watts D. J. , Strogatz S. H. , Collective Dynamics of "Small-world" Networks, *Nature*, 1998, 393:440-442.

③ Barabasi A.-L. , Albert R. , Emergence of Scaling in Random Networks, *Science*, 1999, 286:509-512.

④ Strogatz S. H. , Exploring Complex Networks, *Nature*, 2001, 410:268-276.

⑤ 吴金闪、狄增如：“从统计物理学看复杂网络研究”，《物理学进展》2004 年第 1 期。

者主要来自图论、统计物理学、计算机网络研究、生态学、社会学、经济学等领域,研究所涉及的网络主要有生命科学领域的各种网络(如细胞网络、蛋白质–蛋白质作用网络、蛋白质折叠网络、神经网络、生态网络)、Internet/WWW 网络[1]、社会网络、包括疾病流行性疾病的传播网络[2]、科学家合作网络[3]、人类性关系网络[4]、语言学网络[5]等。所使用的主要方法是数学上的图论、物理学中的统计物理学方法和社会网络分析方法。我们首先介绍这一研究发展,并在此基础上论述这类网络复杂性概念以及研究的重要科学和哲学意义。

1. 复杂网络研究:小世界、无标度和幂律现象

在当前的复杂网络研究中,研究者提出的最主要概念就是"网络"。实际上早在 1922 年,社会学家斯梅尔(G. Simmel)就曾不经意地创造了该词汇,没有料想到这个词汇会成为社会学领域中使用极为频繁,并且成为社会网络分析方法的主导词汇;更没有想到的是,在今天的自然科学中,网络研究也成为重要课题;今天的

---

① Guillaume J. O. L., Latapy M., The Web Graph: An Overview, *Proceedings of Algotel*, 2002, http://citeseer. nj. nec. com/guillaume02web. Html.

② Scott J., *Social Network Analysis: A Handbook*, London: Sage Publications, 1991.

③ Newman M. E. J., Scientific Collaboration Networks, I, *Phys. Rev. E*, 2001, 64: 016131-8; Newman M. E. J., Scientific Collaboration Networks, II, *Phys. Rev. E*, 2001, 64: 016132-7.

④ F. Liljeros, C. R. Edling, L. A. N. Amaral, H. E. Stanley, and Y. Aberg, The Web of Human Sexual Contacts, *Nature*, 2001, 411: 907-908.

⑤ Ferrer-i-Cancho, R. and Solé, R. V., The Small World of Human Language, Proceedings of The Royal Society of London, Series B, *Biological Sciences*, 2001, 268 (1482): 2261-2265.

社会已经成为网络社会。

　　抽象地说,元素及其元素之间的关系作为一个整体就是网络。在数学和自然科学领域,网络被抽象成为一些顶点和顶点之间的连线即边。例如,在统计物理学和网络分析中,科学家把个体与相互作用直接抽象为顶点与边的系统称为网络。目前已经得到研究的网络在结构上主要包括规则(regular)网络、随机(random)网络、无标度网络等。在图论中,所谓规则网络如一维链、二维晶格,即具有平移对称性的网络。20 世纪 50 年代以后无明确设计原理的、具有随意连接关系的大规模网络首先被匈牙利数学家保罗·艾多斯(Paul Erdös)和阿尔弗雷德·勒伊(Alfréd Rényi)描述为随机网络。这是最简单的也是被大多数人认识的复杂网络。在图论中,由 N 个顶点构成的图中,可以存在 C_N^2 条边,我们从中随机连接 M 条边所构成的网络就叫随机网络。[①]

　　另一类网络是同时具有高集聚程度和小最短路径的特点,称为小世界网络。瓦特和斯托盖兹发现,对于 $0 < p < 1$ 的情况,存在一个很大的 p 的区域,同时拥有较大的集聚程度和较小的最小距离。一个典型的小世界网络见图 2-7 中间的示意图,其几何性质如图 2-8 所示。

　　目前,复杂网络研究的内容主要包括网络的几何性质、网络的形成机制、网络演化的统计规律、网络上的模型性质以及网络的结构稳定性、网络的演化动力学机制等问题。其中在自然科学领域,

---

　　① 吴金闪、狄增如:"从统计物理学看复杂网络研究",《物理学进展》2004 年第 1 期。

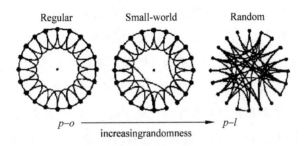

图 2-7　Small-world 网络模型（左图为规则网络，右图为随机网络）

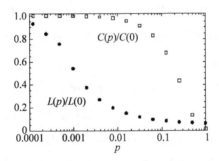

图 2-8　Small-world 网络的几何性质（同时有大集聚程度和最短距离
　　　　是 Small-world 网络的重要特征，而且此性质在 p 略大于 0 到
　　　　小于 1 的范围内存在）

网络研究的基本测度包括度（degree）及其分布特征、度的相关性、集聚程度及其分布特征、最短距离及其分布特征、介数（Betweenness）及其分布特征、连通集团的规模分布。

　　通过这些研究，三种概念在当代对复杂网络的思考中占有重要地位。

　　第一，小世界的概念，它以简单的措辞描述了大多数网络尽管规模很大但是任意两个节（顶）点间却有一条相当短的路径的事实。以日常语言看,它反映的是相互关系的数目可以很小但能够连接世界的事实。例如,在社会网络中,人与人相互认识的关系很少,但可以找到很远的无关系的其他人。正如麦克卢汉所说,地球变得越来越小,变成了一个地球村,变成了一个小世界。

第二,集群即集聚程度(clustering coefficient)的概念。例如,社会网络中总是存在熟人圈或朋友圈,其中每个成员都认识其他成员。集聚程度的意义是网络集团化的程度,这是一种网络的内聚倾向。连通集团概念反映的是一个大网络中各集聚的小网络分布和相互联系的状况。例如,它可以反映这个朋友圈与另一个朋友圈的相互关系。

第三,幂律(power law)的度分布概念。度指的是网络中顶(节)点(相当于一个个体)与顶点关系(用网络中的边表达)的数量;度的相关性指顶点之间关系之间的联系紧密性;介数(betweenness)是一个重要的全局几何量。顶点 u 的介数含义为网络中所有的最短路径之中经过 u 的数量。它反映了顶点 u(即网络中有关联的个体)的影响力。无标度网络的特征主要集中反映了集聚的集中性。

科学家发现绝大多数实际的复杂网络都具有如下几个基本特征。[①] (1)网络行为的统计性:网络节点数可以有成百上千万,甚至更多,从而使得大规模性的网络行为具有统计特性。(2)节点动力学行为的复杂性:各个节点本身可以是各非线性系统具有分岔

---

① 方锦清等:"略论复杂性问题和非线性复杂网络系统的研究",《科技导报》2004年第 2 期。

和混沌等非线性动力学行为。(3)网络连接的稀疏性：一个 N 个节点的具有全局耦合结构的网络的连接数目为 $O(N^2)$，而实际大型网络的连接数目通常为 $O(N)$。(4)连接结构的复杂性：网络连接结构既非完全规则也非完全随机。(5)网络的时空演化复杂性：复杂网络具有空间和时间的演化复杂性，展示出丰富的复杂行为，特别是网络节点之间不同类型的同步化运动〔包括出现周期、非周期(混沌)和阵发行为等运动〕。

以上五种特征反映了实际网络的复杂性特征。一方面，它具有无序演化的特征；另一方面，它也具有增加有序程度的演化特征。它具有分形和混沌的特征，具有自组织演化的特征，也具有形成序参量的特征。因此，复杂网络的研究可能会综合以往的各种自组织理论、非线性和复杂性理论研究的成果，从而形成新的复杂性研究机制的理论。

在社会科学领域，社会网络分析方法也通过引入数学图论和计算机技术为手段而日臻成熟，甚至带来了"社会学的新古典革命"。有学者认为，网络分析对社会学发展的突出贡献表现在以下几个方面。第一，提出了一系列指导社会网络研究的概念、命题、基本原理及其相关的理论，使社会学对于社会结构的研究耳目一新。社会网分析形成了受到大规模的经验研究支持的一套首尾一致的特征和原理。网络分析者在社会关系的层次上将微观社会网和宏观的社会结构连接起来。第二，在研究方法上，通过创造一系列更好地理解结构和关系的测量手段、资料收集方法和资料分析技术，摆脱了范畴或属性分析的个人主义方法论、还原主义解释和循环论证的困境。第三，网络分析涵盖甚至超出了社会学研究的传统领域。经过近 40 年的发展,社会网分析已经从初期的小群体研究扩展到社区、社会阶层、社会流动、社会变迁、社会整合与分化、城市社会学、经济社会学、政治社会学、组织社会学、社会工作、科学社会学、人类生态学,以及一些边缘性学科如精神健康学、老年学等领域,甚至一些经济学家和心理学家也自觉运用社会网分析的有关概念和方法研究经济与社会的关系和人与人之间的关系。①

2. 复杂网络研究的意义:人和世界即网络

复杂网络的研究,为我们提供了一种复杂性研究的新视角和新方法,并且提供了一种比较的视野。可以在复杂网络研究的旗帜下,对各种复杂网络进行比较、研究和综合概括。

首先,网络的现象涵盖极其广泛,因此对网络的研究极具意义。例如,科学家发现大多数实际的系统都是复杂网络,从细菌、细胞和蛋白质系统,到人类性关系,甚至到科学家之间的合作、论文之间的引证联系、大型的 Internet/WWW 网络等,它们都构成了某种网络系统,也构成了某种复杂网络系统。因此,若发现一种概括它们共同特性的观点和方法,则能够抓取这类网络的关键,形成深入的认识。而复杂网络研究恰恰在这点上发现了它们同时都具有的三个主要特征:小世界、无标度性和高集团度。

以往人们常常强调自然与人工创造物之间的差异,强调技术作为人的存在的异化特征,但是在复杂网络的研究中,却强烈的表明,只要是复杂网络,就具有共同特征。这种人工自然与天然自然

---

① 肖鸿:"试析当代社会网研究的若干进展",《社会学研究》1999 年第 3 期。

的同一性在复杂网络系统中的体现,既让我们感到安心,因为我们和自然在共同演化(在演化中技术这种冷冰冰的东西似乎愈益具有人性的特征了,而人也愈益具有自然的特征了,老子的道法自然的思想似乎正在向我们走来);又使得我们担心,是否技术这种人工创造物终归有一天会变得具有了真正意义上的生命特征?人类在文学、科幻小说和电影中表达出来的担心也许真的有一些道理。

人是什么?在亚里士多德看来,人是政治动物;在卡西尔看来,人是符号的文化动物;在复杂网络的观点看来,人是复杂网络动物。人从远古走来,一开始人就构造出林中路,并且把路构造成为网路;在农业社会,人又构造出各种大型的"水利网络",通过航海的网络,资本主义才遍布世界;在工业社会,普通的小路被公路、铁路网络所替代,休闲散步的路被高速公路所淹没,人的世界成为公路和铁路之网;在今天的信息时代,各个国家致力于建设自己的信息高速公路,即新型的信息网络,如今,Internet/WWW 网络已经基本涵盖了整个世界。人类就生活于其中。人类的演化就是在给自己增加各种网络的演化。人的存在方式就是技术的存在,人的"此在",就是"已在"的叠加、取代和更新,就是复杂网络未来存在到演化的展开。人把自己生存的世界变成了网络,人也就成了网络动物;网络越有效,越发达,世界就越小,人的社会性就越得到强化。

其次,复杂网络的研究在大量网络现象的基础上抽象出两种复杂网络,一种即小世界网络,另一种即无标度网络。这两种网络都同时具有两个基本特征:高平均集聚程度、短的最小路径,而无标度网络的度分布又具有幂律分布特征。因此,无标度网络的复杂性程度还高于小世界网络的复杂性程度。高平均集聚程度反映了事物在小世界的境况下自发走向有序的态势；短的最小路径特征反映了演化速度快的特征。系统的低层次的因素之间的局部交互作用会更密集，作用会更频繁，在系统层次会涌现出更多的性质。在瓦兹和斯托盖茨研究的传染病模型中，其接触传染率为1，感染的顶点（可能是个体的人）在一个单位时间以后退出系统。对于任何网络，这样的传染病都将在整个网络扩散，研究其扩散时间，发现对于从规则网络到随机网络的所有 $p \in (0,1)$ 网络，其扩散时间刚好与最短路径一致。也就是说，在规则网络上传播所需时间长，但是只要 p 略大于0，传染病就会得到迅速传播。这很好地说明了最短路径这一几何量的作用（例如，SARS 传播的控制就不仅仅是提高治疗的医学问题，而是一个如何切断网络的问题）。在这个传染病模型上，任何一个顶点都同时向其所有近邻传播，如果集聚程度高，传播会更广泛。科学家发现在小世界网络上同时具有弛豫时间短、共振性好的特征，而这些特征就分别来源于网络的小最短路径和高集聚程度。这都说明了高集聚程度和短最小路径是小世界网络上复杂性增加的两个特性。

在复杂网络研究中，科学家所采用的方法是在规则网络的基础上，断开其中某些顶点的链接，然后导入随机链接其中若干顶点的方法，结果构造出来的网络立刻就具有了小世界的特性。在无标度网络的构造中，科学家引入两个规则：其一，节（顶）点按照一定速率增长；其二，新增加的节（顶）点与原来网络节点的连接是按照原来连接概率高的偏好择优连接的方式进行。这两个简单规则立刻就引起了网络的复杂性增长。这种方法的实质涵义实际上是在本体的规则性中引入了随机性和吸引子。构造后出现的复杂性含义是极其丰富的,也许世界的复杂性增长就是通过一定的随机性开始的,正如耗散结构理论的创始人普里戈金所说,"涨落导致有序"。随机性是导致无序的观点在这里被颠覆了。小的随机性的渗入就导致了更高的平均集聚程度,导致有序的产生。这正是法国思想家莫兰的思想。[①] 不过,在莫兰那里,它是一种睿智;在复杂网络的研究者那里,它在一定程度上已经得到科学的解释。

在混沌的研究中,我们同样发现,混沌是一种确定性中的类随机性。在规则性中引入随机性,在复杂网络中具有异曲同工之妙。规则的东西看似有序,实际上那只是一种平庸的有序。世界需要规则,同样需要随机;世界需要有序,同样需要无序。这种辩证法并不是说说而已的语言游戏,而是真实在发生作用的演化动力学机制:无序与有序展开的矛盾。

另外,复杂网络的基本测度性概念也反映了网络内某些个体对其他个体的影响,以及其他个体对该个体的影响,这种双向的影响是网络分析的重点。如一个顶点的度的概念,一个顶点的度是指与此顶点连接的边的数量。边是什么? 边是相互作用的数量反映。那么,一个顶点的度就反映了与这个顶点(个体)相互作用的多寡,关注的重心是相互作用。

在复杂网络研究中,不仅研究者非常客观地关注系统内某个体与其他个体之间的相互作用,而且还在整体的角度注视到系统

---

① 埃德加·莫兰:《复杂思想:自觉的科学》,陈一壮译,北京大学出版社 2001 年版,第 156—159 页。

的整体相互作用。表达这种整体相互作用的概念如"介数"这个非常典型的概念,其英文表达为"betweenness",它是一个重要的全局几何量(统计性质)。它反映了顶点 u 的影响力。通过复杂网络研究,我们看到关于相互作用的认识已经在一定程度上有了量化研究的成果出现,这反映了在相互作用研究上的进步。事实上,在牛顿力学里,第三定律描述了力学的相互作用;万有引力定律描述了引力相互作用;在物理学领域,四种相互作用的认识,让人们认识到了强、弱、电磁和引力相互作用的性质、作用范围等;在化学层次,化学反应也是某种相互作用;在生物学层次,捕食者与被捕食者的关系也同样是某种相互作用;我们似乎发现,复杂性层次越高,相互作用越不好描述。把相互作用分解成为 A 对 B 的作用和 B 对 A 的作用似乎比较平庸,但是,继续分析这种作用的直接性、间接性和作用的程度,分析一对多和多对一的作用,并且进一步把这种作用细致化为集聚程度、最短路径,把作用与历史因素、敏感性条件联系起来,则是自复杂性研究以来的功绩,特别是复杂网络研究的功绩(图 2-9)。

　　相互作用研究在复杂网络中,还有一个很有意义的地方,这就是当随机性被引入复杂网络之后,相互作用的形式和程度都会有所改变,由此形成了相互作用演化的境况。并由此形成了对这种境况的研究。这就意味着,我们将可能获得更多的关于相互作用的认识,而不是像恩格斯当年所说的,我们只能认识到相互作用为止。当代的复杂网络研究已经推进了关于相互作用的认识。

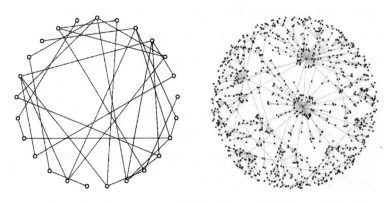

图 2-9　随机网络和无标度网络的比较①〔左图：随机网络中 5 节点（较大）与其他节点（浅灰）的联系占全部节点联系的 27％；右图：无标度网络中 5 节点（较大）与其他节点（浅灰）联系的占全部节点联系的 60％〕

复杂网络研究尽管已经显示出极强的生命力，而且更令人兴奋的是找到了合适的描述方法。但是，这并不意味着一切问题都已经解决，我们仍然在复杂性的丛林中。如何寻找或者开辟出一条林中路，仍然是探究者的艰巨任务。抽象出规律和共同特性是非常必要的，这具有基础性意义。但是，复杂网络研究不能完全集中在研究关系的形式上，而要针对经验过程和系统进行解释。整体网络研究发展出更精巧的数学技术、数理模型和图表符号描述假设成分越来越多的网络结构也是必要的，虽然这种倾向有助于精确地定义各种结构包括社会结构，但事先的经验判断和观点的基点也是同样重要的，因为这决定了研究者要采取哪种网络。例

① https://m.sohu.com/a/285007836_814235.

如,对一个书店网络关系的认识就不尽然,至少存在管理学视野和社会学视野两种网络,就需要研究者事先采取何种观点和策略,然后才能进行复杂网络分析(图 2-10)。当然,人文学者、哲学家和社会科学家也不能因此而拒绝研究的科学化,只是需要注意科学化并不能完全解决所有问题,保持人文社会科学学者在两种文化之间的足够张力即可。因为这恰如波普尔中所言,"……要紧的不是方法或者技巧,而是对问题的敏感性和对问题的一贯热情,或者,如希腊人说的,是惊奇的本性"[①]。

(三) 组分复杂性

组分或者事物的构成对于事物的复杂性也具有重要意义。其中,部件的数量和组分的异质性特别是异质性起着重要作用。组分复杂性(Compositional Complexity)就是通过事物组成中的数量和异质性发生作用,推动事物走向复杂性的。

组分复杂性在文献中也有多种表述。

美国匹兹堡大学资深教授雷歇尔(N. Rescher)认为,组分复杂性包括两类复杂性。他指出,组分复杂性由构成复杂性和类别复杂性组成[③],即表 2-3 所示。

---

① 卡尔·波普尔:《猜想与反驳——科学知识的增长》,傅季重等译,上海译文出版社 1986 年版,第 100 页。

② Gilbert J. B. , Probst and Peter Gomez, Thinking in Networks to Avoid Pitfalls of Managerial Thinking, *Context and Complexity*, *Cultivating Contextual Understanding*, edited by Magoroh Maruyama, New York: Springer-Verlag, 1992, pp. 91-108.

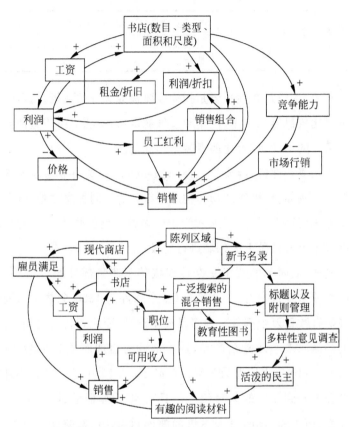

图 2-10　复杂网络案例(左图是管理学观点,右图是社会学观点[①],
　　　两个观点不同,随之建立的复杂网络分析也不同)

　　① Nicholas Rescher, *Complexity*, *A Philosophy Overview*, Transaction
Publishers, New Brunswick and London, 1998, p. 9.

表 2-3 组分复杂性的构成

组分复杂性（Compositional Complexity）	构成复杂性（Constitutional Complexity）
	类别复杂性（Taxonomical Complexity）（异质性）

其中，构成复杂性主要是指构成要素或组分的数量。例如，我们可以比较机器三轮车、汽车和喷气航空器，很明显由于构成要素或者组分的增加，后者比前者越来越复杂。

类别复杂性（即异质性，Heterogeneity）主要是指构成要素的多样性。例如，在事物的物理构造中组分的不同种类之数量（可以再次考虑前述例子，或就加和为 100 多种类型的物理元素的领域与有成千上万种昆虫的领域进行比较）。

例如，最简单的技术复杂性就依赖于测量部件的数量。[①] 一般的滑膛来复枪只有 51 个部件（每个部件为 1000 个单位），而航天飞机有数百万个部件。前者是简单产品，而后者就是复杂产品。有的产品原来不是复杂产品，随着部件的增加而成为复杂产品。如汽车，1940 年之后就成为复杂产品了，到 1980 年汽车的部件数量已经上升到 10^5 的数量级上。1870 年计算器的部件为 25000 个左右，而 1980 年的航天飞机的部件超过 10^7 数量级。1970 年左右问世的波音 747 飞机的部件约在 10^6 数量级。图 2-11 表明了通过对一系列制造产品部件的测量，反映了独特产品、小批量产品和大规模批量生产的产品的三类复杂性是如何在从 1800 年到

① Robert W. Rycroft and Don E. kash, *The Complexity Challenge-Technological Innovation for the 21st Century*, Pinter, London and New York, 1999, p. 54.

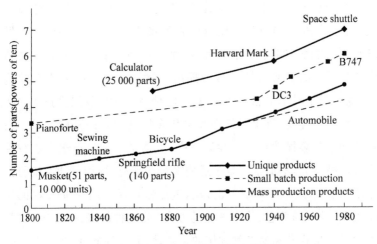

图 2-11　技术组分复杂性的趋势

1980 年这 180 年中增长的。

　　构成复杂性或许是复杂性一般概念中最显著的形式。在人工世界的情境中很难忽视构成复杂性，比如在机器的情景中，构成复杂性给人留下深刻的印象。例如，一个现代的太空飞船，就有数百万的构成部分。在美国，太空飞船的所有这些部件都必须服从于 NASA 在飞行准备检验期间的工程评估（挑战者号飞船爆炸后的调查显示，所有飞船构成部分都通过了飞行评估）。中国的神舟五号和六号在升空前，也同样都进行了详细的部件检查，任何一个部件出现问题，只要有任何的小问题，都进行了返工修正。否则都有可能导致类似挑战者号的悲剧。构成复杂性也同样被看作来自人工技巧世界的东西。当其他方面都完全相同时，一部具有十种彼此相互作用特性的游戏将比只有三种彼此相互作用特性的游戏复杂得多。

　　类别复杂性在生物世界里,得到特别的青睐。生物多样性和生态多样性是生命科学中使用最为频繁的词汇,这些多样性不仅得到生物学家和生态学家的重视,而且得到几乎整个人类社会的广泛认同。类别复杂性概念的提出加深了对于生物多样性的认知,也加深了对于生态多样性的认知,使得可持续发展真正建立在一种生命多样性、资源多样性和文化多样性的思想基础上了。在生物和生态多样性和复杂性研究中,生物学家和生态学家正在深化着这种研究,他们依据复杂适应系统的研究,应用复杂系统研究方法和生物学生态学的研究方法,进行综合,提出了不同层次的尺度概念、种群的概念、共同进化的概念、关键种的概念,等等,进行了大量的生物学和生态学领域的多样性、复杂性研究,为复杂性研究提供了活生生的实践和生动的经验。正如《脆弱的领地》的作者、美国著名生态学家、普林斯顿大学生物复杂性研究中心主任西蒙·A.列文教授所说,"我们遇到的所有系统,从细胞到生物圈,从昆虫社会到人类社会,都是复杂适应系统,它们处于进化挑战之中,这种进化挑战发生在多个层次。我们可以在社会和生态系统中观察到的平衡和弹性,都是在低层次进化过程的结果。它也是我们要去理解的基本事实,如果我们要维持这些系统的话。全球环境问题现在对于社会是一个特别的挑战,要维护源自生态系统所提供给我们的服务,我们必须收紧反馈环以加强我们在微观尺度上有利于宏观公共利益的行为。也即,我们必须奖赏个体有利于公共利益的行为,评估这些不是为了个体的行为代价"①。

----

　　① http://www.eeb.princeton.edu/~slevin/,2005-11-2.《脆弱的领地》中译本已经由上海科技教育出版社出版,读者可以从其中发现关于多样性和复杂性关系的大量精彩的讨论。

类别复杂性也得到人类文化的广泛认同。文化相对主义实际上提倡的就是文化的多样性，反对某种文化中心主义。在复杂性中，类别或者异质性是复杂性中的关键性概念，一个文化是否能够容忍甚至欢迎其他文化，而不是采取文化沙文主义的态度，排斥其他文化，这是一个社会是否丰富繁荣的重要基础。一个具有多样性文化的社会才是多重奏的和谐社会，丰富的社会，而不是只有一个声音的单调的社会。有异质性和多样性才有创新，因为只有通过异质性的相互作用，各个文化中的不同成分才能被相互激活，社会的信息和文化空间才能产生更加多样的丰富的东西。

（四）功能复杂性

功能复杂性（Functional Complexity）涉及活动者在实在的实践活动。雷歇尔同样解释了功能复杂性概念。他认为，功能复杂性由操作复杂性和规则复杂性组成（表 2-4）。[①]

表 2-4　功能复杂性的构成

功能复杂性（Functional Complexity）	操作复杂性（Operational Complexity）
	规则复杂性（Nomic Complexity）

其中，操作复杂性是指各种操作或机能类型的模式的多样性。比如，灵长类比软体动物有更复杂的生活方式，人比阿米巴有更加广泛的和复杂的生活运行轨迹，而国际象棋的运转结构也远远复杂于西洋跳棋的结构。

---

① Nicholas Rescher, *Complexity*, *A Philosophy Overview*, Transaction Publishers, New Brunswick and London, 1998, p. 9.

　　规则复杂性是指支配未决现象的错综和复杂的规则和规律。比如,蒸汽发动机在其运作方式上总比滑轮复杂得多。

　　功能复杂性的这两种形式尽管是一个事物的不同方面,但是它们常常要么是操作性的,即在当下过程的展开中表现为动力复杂性;要么是规则的,即在其要素的运作相互关系中扮演一种永恒的复杂性。

　　关于操作复杂性,我们很清楚,如果一个系统在其构造和操作中自由度越多——越丰富多彩——它也就必然地在操作上越复杂。例如,一个汽车的运动有两个自由度(分别由方向盘和刹车-加速器复杂地控制着方向和速度);而一个能够调节自身飞行高度的航行器就得具有第三种自由度。不言而喻,为了理解这种飞行器,就需要掌握更丰富的信息;为了控制这种飞行器,就需要更多详尽而精确地描述的各种操作。[①]

　　因此,操作复杂性常常与其他种类的复杂性紧密地约束在一起。在操作上经常会面临由于其他复杂性不断增加而出现的挑战。当功能复杂性增加时,比如一个新问世的手机增加了新功能,我们购买了这种手机,而我们以前所熟悉的操作此时就不足以应付时,我们就需要阅读指南,学习新的功能的操作。当然新功能的出现,也许意味着旧操作复杂性的失效,而代之以新的更为简化的操作,一个文字处理器不就比手动打字机更易使用吗? 但是就整体而言,功能更多的机器总是意味着更复杂的机器。例如,对于日

---

　　① Nicholas Rescher, *Complexity*, *A Philosophy Overview*, Transaction Publishers, New Brunswick and London, 1998, p. 13.

渐复杂的各种机器而言,当需要装配和维护它们时,我们就需要有更大的操作指南手册。同样,对一个日益增加复杂性的组织,该操作指南也会展示同样的特性。在具备能做更广泛而多样性的事情的能力方面,老鼠要比草履虫更具有资格,两种系统的全部支持系统具有完全不同的数量级。

至于规则复杂性,很清楚,一个系统越复杂,它的律则结构就越复杂精致。例如,混沌就代表了一种极端情况。混沌(不是无政府状态)并不缺乏规律,在大量的非周期演化过程中,它也有非常复杂而且精致的充满规则的模式,以至于难以在较大的时间间隔上预见事物的发展和演化趋势。

然而,值得注意的是,这种过程是由非常简单的操作原理产生出非常复杂的结果来刻划其特征的。就像一条河流,它仅仅简单地"遵循最小阻力路径"流动,但可流淌出蜿蜒曲折的,甚至不断盘旋折转的河道那样,或如晶体遵循同样规则亦可以生长出非常不同而精致复杂的结构那样。在雷歇尔的《复杂性》著作里,他让我们考虑了这样一个案例,如这个规则:"给定 2,然后每次加 1,然后自身相乘。"我们面对的是以数 2 生成一个序列的简单操作规则,即:

$$2,(2+1)^2 = 9,(9+1)^2 = 100,(100+1)^2 = 10201\cdots\cdots$$

这一结果清晰地表明了一连串构成的复杂性,却是由功能上相当简单的规则生成的。

以上结果表明,不同的复杂性不必遵循共同的立场。也不必共同缠绕在一起来同时出现。至少在理论上,复杂性不同模式的演化可以分解为不同路线。例如,动物的尸体是结构复杂的,但功能是简单的——也就是说，是无活动的。另一方面，功能复杂性并不必定需要组分复杂性。一个打字机也能够像计算机一样，仅仅用适度键盘数就能够产生无限多样的文本；国际象棋的游戏有或者能够生成无数的博弈进路；从语言的简洁词典，到能够查阅巨大的多卷本的图书馆，这些例子都显示了其构成复杂性相对适度的系统在其操作运转上能产生非常巨大的结构复杂性上的和操作复杂性上的产物。

当然，我们试图以最小可能的趋于复杂的方式处理我们的事务。但是自然通常并不如此乐意帮忙。它经常频繁地以一系列复杂性的增长跟着另一个系列的复杂性增长来应对我们的技术和科学进步。一般而言，对于功能效应，组分复杂性越大的系统，通常展示的结构复杂性也越大，例如，哺乳动物就比阿米巴具有更复杂的精细多样的子系统。而结构复杂性越大的系统一般在其操作形态上也更复杂。技术上更精致复杂的系统通常不仅更大，而且其在操作运行上也具有更精细复杂的各种操作原理，比如我们今天拿波音 747 去比较莱特兄弟的飞机，或拿现代人的大脑比较黑猩猩的大脑，今天的操作在总体上都更加复杂了。不仅 20 世纪 90 年代汽车零件总量清单的厚度要厚于福特 T 型汽车的零件清单厚度，而且它的操作手册也更大了。概括地说，一种类型的复杂性总是伴随着另一种类型的复杂性。

于是，在理论上可分离的复杂性不同模式，在实践中却总是趋向于一起出现。例如，展示出成分和结构复杂性的系统一般也会展示出功能复杂性。当它们被有目的的意图完全控制在行为方式中时，一般都趋向潜在竞争目标的多数复杂状态。仅凭面包，没有水,没有植物,甚至没有肉食,人是不能生存的。同样不能以追求速度飞快为汽车的唯一所愿之物,不去考虑安全性、燃料经济等事项,我们驾驶汽车就会出现问题。

复杂性不能出现在完全的无政府状态中、完全缺乏秩序和完全规则秩序的境况中——这是复杂性认知终止的最终地方。复杂性的涌现和稳定需要秩序。或许人们一开始认为,秩序是复杂性的敌人。但要紧的事实是,秩序本身就是允许有不同层次的东西。有序的原理本身可能就呈现了有序或无序的较高水平。复杂性确实不乏有序,要知道任何有序都或者受到自然规律支配,或者是分类的,或者是结构的,或者——它本身可能或多或少是复杂的。有序不是复杂性的敌人,而是或至少潜在地是它的同谋者。

总而言之,正如雷歇尔所说,我们所掌握的系统复杂性的最佳的全部索引应该是一个在认知上驯化它们时必须要求扩展其所耗费资源(时间、能量、智巧)的疆域。因此,复杂性在一般意义上不仅是纯粹本体论的或纯粹认识论的东西,而是包括了这两个方面的东西。它取决于各种心智的相互关系和各种事物的相互关系——在这条道路的旅途中,心智要与事物达成妥协。①

(五) 演化复杂性

所谓演化复杂性(Evolutionary Complexity),主要是关注事物的"动态""非均衡""不确定性"的演化过程中体现出来的复杂

---

① Nicholas Rescher, *Complexity*, *A Philosophy Overview*, Transaction Publishers, New Brunswick and London, 1998, pp. 15-16.

性。演化复杂性概念不是一个概念,而是一簇概念群。另外,演化复杂性中大部分概念属于复杂性隐喻性概念。可以划归到演化复杂性里的复杂性概念主要有自组织(self-organization or self-organizing)、自组织临界性(self-organized criticality)、路径依赖(path-dependent)、涌现(emergence)、适切景观(fitness landscapes)、对初值的敏感依赖性(Sensitive dependence on initial conditions)等。

我们对其中某些概念做一定的说明。另外,由于涌现概念在复杂性概念簇中的重要性,因此我们把它单列出来进行讨论,尽管涌现也是演化复杂性的一个非常重要的属性概念。

1. 关于自组织

许多自组织理论的创始人和我们已经对自组织概念讨论得很清楚了[①],这里只给出一个简洁的描述性定义和关于其意义的说明。

"协同学"创始人哈肯(1976)提出了"自组织"的概念,同时比较清晰地比较了"自组织"和"组织"概念在日常生活中的差别。他用一个通俗的例子解释了自组织与组织的区别。他说,比如说有一群工人,"如果每一个工人都是在工头发出的外部命令下按完全

---

① 关于自组织,源自普里戈金、哈肯等人的工作。吴彤在长期的自组织科学观和方法论的研究中清晰准确地给出过关于"自组织"的说明和解释。吴彤:《自组织的方法论研究》,清华大学出版社 2001 年版。吴彤:《生长的旋律——自组织演化的科学》,山东教育出版社 1996 年版。沈小峰、吴彤、曾国屏:《自组织的哲学》,中共中央党校出版社 1993 年版。另外,苗东升也讨论过自组织概念。

确定的方式行动,我们称之为组织,或更严格一点,称它为有组织的行为","如果没有外部命令,而是靠某种相互默契,工人们协同工作,各尽职责来生产产品,我们就把这种过程称为自组织"。[①]

"耗散结构论"创始人普里戈金和他的同事在建立"耗散结构"理论和概念时也使用了"自组织"(1977)的概念[②],并且用这个概念描述了那些自发出现或形成有序结构的过程,它准确地抓住了贝纳德(Benard)对流自发出现有序结构的本质。

经过协同学、耗散结构理论创始人的努力,"自组织"概念定义和所具有的内涵已经比较清晰,而哈肯的定义则在该自组织科学共同体内获得了公认。哈肯定义是:"如果一个体系在获得空间的、时间的或功能的结构过程中,没有外界的特定干涉,我们便说该体系是自组织的。这里'特定'一词是指,那种结构或功能并非外界强加给体系的,而且外界是以非特定的方式作用于体系的。"[③]

自组织概念作为一种过程演化的哲学上的概念抽象,我认为它包含着三类过程。第一,由非组织到组织的过程演化;第二,由组织程度低到组织程度高的过程演化;第三,在相同组织层次上由

① H. Haken, *Synergetics, An Introduction: Non-Equilibrium Phase Transitions and Self-Organization in Physics, Chemistry, and Biology*, Springer-Verlag, III, 1983, p. 191.

② G. Nicolis and I. Prigogine, *Self-organization in Non-Equilibrium System, from Dissipative Structures to Order through Fluctuations*, New York, Wiley, 1977, p. 60.

③ H. Haken, *Information and Self-organization: A Macroscopic Approach to Complex Systems*, Springer-Verlag, 1988, p. 11.

简单到复杂的过程演化。^① 这三个过程都具有本质区别。第一个过程是从非组织到组织，从混乱的无序状态到有序状态的演化，它意味着组织的起源，需要研究的是组织起点和临界问题。第二个过程是一个组织层次跃升的过程，是有序程度通过跃升得以提升的过程，是另一种类的革命，研究的是组织复杂性问题，而组织复杂性被认为是 20 世纪和 21 世纪科学研究的前沿。^② 第三个过程标志着组织结构与功能在相同组织层次上从简单到复杂的水平增长，这种组织复杂性增长也是复杂性研究的重要任务。这三个过程形成了组织化的连续统一体。

自组织概念提供了复杂性演化的条件、动力、途径等问题的解释机制，较好地说明了从简单到复杂、从无序到有序的演化发生机制、过程和结局，是演化复杂性概念的重要组成部分。

最后，我还要特别指出自组织概念所包含的各种哲学意蕴的特性。我以为自组织概念有如下几个重要特性。

第一，自组织概念的哲学意蕴本质上是一种过程演化的历史主义和结构主义。自组织的概念来自自然科学和工程技术科学领域，在这个领域原本不存在时间演化因子的作用。在理论上，牛顿经典理论的方程中时间方向"＋、－"完全一样，过去、现在和未来没有区别；在实践上，自然科学和工程技术科学所描写和面对的自

---

　　① 这个思想已经比我们的合作论著《自组织的哲学》前进了一步，那里提出有两种过程（实际上包括了三种过程，但是没有做明确区分）。这里明确区分三种过程，把它们看成完全有质之区别的三个不同的但又相互联系的过程。

　　② Stuart A. Kauffman, *The Origins of Order, Self-organization and Selection in Evolution*, New York, Oxford University Press, Inc., 1993, p. 173.

然界对象与领域的演化,比起人类的生命演化和社会演化而言,不知寿命要长多少。因此,人们常常忘记时间还有箭头。在人类社会、人类生命的过程中,在自然界的演化过程中,时间箭头从来都不是路边事件的旁观者,而就是事件演化本身。重视演化过程中那些不同的歧路、分岔点和不同的方向,才产生和演化出复杂性的万千世界。

自组织概念本质上是历史主义的,同时又是结构主义的,自组织概念将这两种进路特性有机地结合和统一在自己的理论之中。注意突变论,它将演化的路径可能性构造为一种拓扑相空间,将时间关系"固化"在可能性空间中;自组织概念从总的特征上看,它也排除了单一性、唯一性,而大力提倡多样性、无预定性、分形性和混沌性,而这些特性均是复杂系统功能状态的可能性空间的结构特性。在这里,历史、发展的可能性被固化在了功能性的"结构"空间里。

第二,自组织概念的哲学意蕴本质上也是条件主义和环境主义。没有条件,就没有演化,重视条件就是重视演化的个性、多样性。无论是耗散结构理论,还是分形理论和混沌理论,它们都对初始条件、过程条件在演化过程中的重要性给予极端的、高度的重视。耗散结构理论创始人普里戈金对演化的分岔点把演化的历史性引入自然科学各个领域所做出的功绩给予了高度评价。混沌理论把混沌的本质特性说成是对初始条件的极端敏感性。分形的演化通过自相似的自嵌套方式和条件不断演化。没有自组织结构对于事物的复杂性进化或许没有关系,而没有发生自组织结构的条件才是致命的,事物就无法向复杂性演化。要产生自组织结构,重要的是构造自组织结构的条件和环境。

第三，自组织概念的哲学意蕴在本质上更重视动力学的相互作用。把交互作用放置在演化中，交互作用于是也从线性相互作用发展为非线性相互作用，从对等的相互作用发展成为不对称的相互作用，演化成为循环的、超循环的相互作用；小的相互作用逐渐被放大，或大的相互作用被缩小；于是事物自组织起来、发展起来、复杂起来、组织起来。因此，自组织理论把相互作用看成是推动系统自组织的根本动力，并且把这种非线性相互作用细致分成竞争、协同两种相反相成的互补对立性机制，把演化中子系统的相互作用与演化形成的模式再次构成更高层面的相互作用，于是相互作用之上又有相互作用，相互作用也进一步构成超循环；而超循环本身就是相互作用的更高级形式，相互作用通过超循环形式更加紧密地结合，并且演化出多种形式，于是演化也更加丰富起来。

第四，自组织概念的哲学意蕴在本质上超越了决定论和非决定论，它不给出固定演化结局，但认为演化在阶段和空间中具有一定的确定性。混沌理论明确告诉我们，无法预测长期演化的结局。自组织揭示了事物发展对条件的极端敏感性，这在逻辑上必然导致演化没有固定结局的结论。演化的信息随距离条件起点的时间长度而逐渐丧失，这正是事物复杂性的特性之一。因此，我们可以预测，但是预测受到条件限制。这是真正意义的条件决定论，而不是机械的永恒决定论。

2. 关于"自组织临界性"

所谓自组织临界性（self-organized criticality），是关于具有时空自由度的复杂动力学系统的时空演化特性的一个概念。自组织临界性概念描述的是这样的系统过程：存在这样一种复杂的动力学系统，这些系统能够自发演化到某种"临界状态"，达到这样的状态以后，系统的时空动力学行为不再具有特征时间尺度和特征空间尺度，因而表现出覆盖整个系统的满足幂律分布的时空关联。它包括四种特性现象，如突变事件的规则性（regularity of catastrophic event）、分形（fractal）、1/f 噪声和兹普夫标度律（Zipf's law）。[1]

关于突变事件的规则性和分形，我们不必解释，这里需要对 1/f 噪声和兹普夫标度律做些解释。

所谓 1/f 噪声，即闪变效应噪声（flicker noise）。[2] 表示系统的动力学行为受过去事件的影响，是合作效应的表征，与完全随机信号的白噪声不同，当下的动力学行为与过去的事件完全没有相关性；它实际上并不是噪声，而是自组织临界性动力学的内在特征。[3]

所谓兹普夫标度律，即系统演化行为遵循幂定律分布，幂定律的基本数学形式是：$N(s) = s^{-t}$。这里，$N(s)$ 是事件规模大小的数值，t 是指数，负号表示事件规模的数值随 s 的增加而下降。取对数，得到 $\log N(s) = -t \log s$。服从幂定律分布的动力学系统表明系统结构内部存在自相似性。自组织临界性被猜测是相互作用

①　P. Bak, *How Nature Works : The Science of Self-organized Criticality*, New York : Copernocus Press For Springer-Verlag, 1996, pp. 31-32.

②　朱景梓主编：《英汉机械工程技术词汇》，科学出版社 1987 年版，第 705 页。

③　Per Bak, Chao Tang, and Kurt Wiesenfeld, Self-orgainzed Criticality, *Physical Review*, Vol. 38, No. 1, 1988 : 364-365, 373.

的多体系统所具有的典型行为,它无论是在时间还是空间上都具有丰富的分形结构。

并不是所有能够自组织到某种特别状态的系统,在逐渐受到驱动时,都会在这种自组织状态中体现出标度不变性。自组织临界性行为可能只会在缓慢驱动的、相互作用占主导地位的阈值系统中出现。如果一个系统不需要明显的外界调节,就能够表现出幂律行为,就称它体现出了自组织临界性;从这个意义上说,自组织临界性更是一种描述性定义,而不是一种构造性定义。

自组织临界性有下述特征。(1)长程时空关联与连通性及时空分形结构。临界性体现了由短程的局域相互作用导致的系统组元之间的一种长程时空关联,这种关联的结果最终表现为"雪崩"事件的标度无关性,细节的变化不会影响系统的临界性。其最基本的特征有两个:时间效应上的 $1/f$ 噪声和空间结构演化的标度不变的自相似性。[①] (2)崩塌动力学。复杂系统自发地向自组织临界状态演化,在这种临界状态,一个小的事件会引发大小不等的一系列连锁反应;临界性的特征为,处于临界状态的系统会出现各种"大小"的雪崩事件,并且雪崩的大小(时间尺度和空间尺度)均服从幂定律。(3)"元胞自动机"的动力学机制。(4)涌现于"混沌边缘",并具有最大的复杂性、演化性和创新性。

从功能机制角度,相互作用正是系统演化行为的根源。"自组织临界性"概念成功地解释了包含千千万万个发生短程相互作用

---

① Per Bak, and Chen Kan, Self-organized Criticality, *Scientific American*, Vol. 264, No. 1, 1991:33.

组元的时空复杂系统的行为特性。

　　按照自组织临界性观点,许多复杂系统的行为特性可分为亚临界、临界和超临界三种状态。在正常情况下,这些系统都自然地朝着临界状态进化,然而一旦运行机制发生突变,系统可能进入超临界状态并持续爆发大规模的"雪崩"现象。令达尔文困惑的寒武纪生命大爆发也许是自组织临界性的机制所导致,它可能不仅是一次规模巨大的爆发式的演化事件,更为重要的是这一事件具有明显的自发性进化行为,是生命进化过程中一个自组织事件。通过计算机仿真表明,"自组织临界状态"和"混沌的边缘"二者是相通的,"此二者,同出而异名,共谓之玄"。处于自组织临界状态的系统刚好在混沌的边缘上。这种状态其实就是普里戈金所说的远离非平衡状态,在这种状态下,会出现小的涨落触发剧烈的波动,在波动之中会产生一种新的有序结构。自组织临界性概念有助于刻画这种多种要素相互作用的大系统的复杂演化行为。

　　3. 关于路径依赖

　　复杂性有各种各样的定义,路径依赖(path-dependent)也是复杂性概念之一,是主要运用于经济学中的复杂性概念,路径依赖与不可逆性、历史依赖和时间因素具有概念的准等价性;复杂系统是由具有对模式适应性和对模式产生反应的多种要素构成的系统,而这种模式是由要素在实践和时间性过程中共同创造的。由于"要素"和"模式"会随着环境的变化而做出反应,因此随着过程展开,要素之间的互动、调节和变化,必然要有时间要素加入进来。而复杂系统是一种过程系统,系统会随着时间而展开、演化。因此,路径依赖被作为复杂性的一种隐喻性概念汇入复杂性词汇表。

　　路径依赖作为一个明确的学术概念首先是从技术经济史的研究中提出。1985 年，保罗·戴维（Paul A. David）从计算机键盘 QWERTY 案例的技术经济史研究中独立地重新提出路径依赖这个概念，其最初的含义是一个小的偶然事件影响了后来的技术发展路线，导致三个特征：技术上的关联性（technical interrelatedness）、规模经济（economies of scale）、投资的准不可逆性（quasi-irreversibility）。[①] 而后，圣菲研究所的阿瑟教授对路径依赖做了深入研究，使得这个概念成为复杂性概念簇中一个重要的组成部分。

　　路径依赖主要强调偶然性的历史事件对于演化的影响、作用以及它的后续性效应。路径依赖绝对不仅仅是指初始条件或者初始格局即可决定最终命运，中间不再产生任何变化，而是指在演化过程中由于存在正反馈机制，会造成拥有者获得的某种"马太效应"，而且可能存在某种锁入的境况。用数学上的语言讲，就是进入某种吸引子状态的境况。但是，这种锁入同样存在某种不确定性，并不是注定出现的。路径依赖的累积性效应既不是要素之间相互作用的简单相加，又不是像混沌那样的急剧变化，也与突变（Catastrophe）概念不同，它不是指系统行为的剧烈变化，恰恰相反，它强调的是系统行为的渐进式变化带来的巨大后果。当然，二者都存在一些相同的特征，如多稳态、非遍历性。但路径依赖概念更多是从时间的宏观尺度描述系统的演化行为，并且揭示出系统

　　① Paul A. David, Clio and the Economics of QWERTY, *American Economic Review*, Vol. 75, No. 2, 1985:332-337.

演化行为的继承性和锁入。路径依赖的思想也不同于自组织临界性，自组织临界性刻画的是多种要素相互作用的大系统的演化行为，是从整体上描述系统的演化行为，而路径依赖概念则是从事件个体角度描述系统的演化行为，这大概是二者的最大差别。当然，二者都是探讨系统的演化行为特征，都包含了"历史并不会忘记"的思想。路径依赖的观点也与圣菲研究所霍兰等人提出的"复杂适应系统"(Complex adaptive systems，以下简称 CAS)概念既有区别也有联系。[①] CAS 概念把系统元素理解为活的、具有主动适应能力的主体，引进描述宏观状态变化的"涌现"概念，从而对从简单中产生复杂的观念进行了逻辑性阐述。所谓局部和整体、个体与群体，实质上是上下层次之间的关系，它们之间的过渡和转化至今主要依靠统计方法。但是，单从随机性、单靠概率和统计还无法解释世界的演化与宏观尺度上的涌现。CAS 的核心思想是适应性造就复杂性。这种适应性既不是可以还原的，也不是只依赖统计方法就可以处理的，它是一种不断演化适应自身创造的环境而又不断改变着自身的涌现性质。CAS 理论通过承认个体的主动性，为系统的演化找到了内在的基本动因，同时也为理解层次提供了新的视角。CAS 理论充分考虑了随机性，它没有规定一个确定的演化目标，但是在一定的环境刺激下，它向哪个方向发展是确定的。"环境"发挥作用不是简单地通过统计规律，而是通过影响个

---

① John Holland, *Hidden Order: How Adaptation Builds Complexity*, Helix Books of Reading, MA: Addison-Wesley, 1995.

体的行为规则起作用。①

4．关于对初值的敏感依赖性

对初值的极端敏感依赖性（Sensitive dependence on initial conditions）的概念来自对于混沌现象的发现和研究。混沌理论的创始人洛伦兹甚至认为，混沌系统就是指敏感地依赖于初始条件的内在变化的系统。对于外来变化的敏感性本身并不意味着混沌。②针对天气预报，洛伦兹曾经依据大气研究把系统的敏感性依赖区分转化为两类"可预报性"。第一类，即初始条件对于气候变化的影响，以及初值对于可预报的具体界限的相关性。第二类，指系统对于边界条件、系统组分和参数的依赖程度。

对初值的敏感依赖性反映了系统动力学性质的某种不稳定演化特性。对初值的敏感依赖性使得我们对事物的时间性认知有了限制，这种限制不是来自我们的认识能力，而是复杂对象本身在演化过程中一种生成属性及其受到它所处的世界演化的双重影响而造成的。

5．关于适切景观与模拟退火

适切景观（Fitness landscapes）的概念是来自景观生物学、生态学等学科的应用于复杂性研究的一种隐喻性概念。它主要有两个涵义，一个是指事物的演化追求局部的最佳适应性或者整体的最佳适应性，另一个是指事物与环境共同演化、共同型塑、创造和

---

① 梅可玉："复杂性视野下的路径依赖思想研究"，清华大学硕士学位论文，载于中国优秀博硕士学位论文库。

② E. N. 洛伦兹：《混沌的本质》，第 20 页。

改进演化策略。就后一种涵义而言,事物与它所处的世界通过互动都发生改变,表明了演化是事物与环境共同作用的后果,而不是单方面适应的结果。

我们知道,许多现代商业公司经常把自己与其他公司的竞争视为一种比赛。但是,今天也有一些公司开始使用复杂性研究视野中适切景观的隐喻看待竞争。在比赛隐喻中,风景是固定的,比赛的路线可能不是固定的。它有一个被识别的目标和一组竞争者。在适切景观隐喻中,景观本身总是变更的。它的各种目标、路线和竞争者只不过是其因子而已,它们能够而且确实影响景观的形状本身。事实上,在这种隐喻中,公司的目的是要攀登到一个非局部性的山顶,而且一个公司的峰巅可能非常不同于他的竞争者的峰巅,那么实际上这些公司就可能在整个景观中各自占据不同的峰巅,而避免过度的竞争。

在比赛隐喻中,数据和数据中可能是令人烦恼的。太多的数据会导致视界的损失,这包括既定目标的潜在转移,以及超载的危险等。在复杂性隐喻中,数据只是未用的潜在信息。信息改变景观,而且当数据被赋予价值(是正确或错误)的时候数据变成信息。噪声在比赛隐喻里是一种危险和牵制,在复杂性隐喻里是一种新的理解和潜在信息的一个来源。

辨明知识的附加价值就如一件在一片地貌上搜寻最佳适切性景观的隐喻所表现的工作。地貌是高低不平的,有小山和山谷,并且是紊乱的,在它与外部环境以及每个参与者(职员、客户、供应者、规则调整者、竞争者等)的共同进化中,它们共同创造了那片地貌的基本景观。考夫曼运用了大量对高低不平的风景进行搜寻的研究,表明当适切性是中等程度的时候,搜寻被带到最远,它跨越了全部可能性的空间。但是,如适切性增加,最适当的变量则被发现在比较靠近可能性的空间当下的某个局部位置。

在复杂的表面上(有许多小山和山谷的高低不平的适切景观),系统可能在贫穷的缀片最佳位置上被困住(这是错误的小山)。在组织远离这些地方性最佳化,而更多移向"整体的最佳化"方面,考夫曼的研究已经发展成为多种接近到"模拟退火"的概念了。

模拟退火(Simulated annealing)是基于使用温度的一个类似物的一个最佳化程序,其温度被逐渐地降低以便系统在每降低一个温度时逐渐地几乎平衡地进入深能量势井。横躺在模拟退火后面的一般观念是,在一个有限的温度下,系统有时会"无视"某些限制而且采取"那错误的"方法步骤,因此会暂时增加能量。而从明智的方式上看,不理睬限制能帮助避免系统走入贫穷的地方性最佳化上,而且可能被困住。①

(六) 关于涌现

我们要单独而且要花较大篇幅讨论涌现这个复杂性的重要概念。

1. 涌现概念产生的历史、分类及其问题

它包含原初涌现论与新涌现论。涌现有不同的历史渊源、概

---

① Kauffman, *The Origins of Order: Self Organization and Selection in Evolution*, Oxford: Oxford University Press, 1993, pp. 111-112.

念意义,因此对涌现的分类也不同。

第一种分类是按照涌现概念产生于哪种语境而分类。其中,第一种涌现概念产生于 20 世纪 20—30 年代,与系统科学之前的发展如动物行为学和建基于进化论的涌现概念,我们称为涌现 1。第二种是产生于系统科学中的涌现概念,它主要关注整体与部分的关系,我们称为涌现 2。第三种是产生于当代复杂性理论研究中的涌现概念,我们称为涌现 3。它关注的是系统宏观层次上的新奇性、创造性和自组织性。

其中前两种关注整体与部分关系的"涌现"概念,被古德斯坦(J. Goldstein)称为"原初涌现论"(proto-emergentism)①。原初涌现论的涌现概念主要关心的是整体与部分的关系,主张整体大于或者先于部分。整体的性质不能自部分的性质和关系结构得到圆满说明。例如,与整体和部分关系有关的涌现概念基本说明如下陈述:所提到系统的特性是否能够在系统的要素或微观结构的基础上得到解释。如果不能这样解释,那么系统特性的这种情况就被称之为是涌现的。涌现 1—2 的问题是:整体的涌现属性不知何故而"超越"部分,涌现本身仍然保持为"黑箱"。② 一个人只能目睹其低层次输入和高层次输出,而不能在涌现期间看到低层次是如何转变为高层次的。这种涌现论认为从部分及其相互关系而

---

① J. Goldstein,Emergence as a Construct:History and Issues,*Emergence*,Vol. 1,No. 1,1999:49-72.

② 于是可能产生两个问题的研究进路:第一,不能解释,于是进入神秘主义或者不可言说的进路;第二,不可这样解释,那么可以怎样解释? 进入寻求机制的研究进路。

生成的整体之涌现是自然而然的,不必说明其中过程和机制,因此又被称为涌现进化论(emergent evolutionism)。可见,涌现 1—2 确实也与演化复杂性有关。但是比较涌现 3,它们又不是真正意义上的演化复杂性。

而涌现 3 运用自组织、新奇性、创造性和不可预知性区别于以往的涌现 1—2,讲求的主要是系统的动力学性质。被古德斯坦称为"新涌现论"(new-emergentism)。

两者的最主要区别是,涌现 1—2 关注的结构关系是预定的,即事先已经给定了部分与整体的关系;而涌现 3 关注的结构、性质是生成的。涌现 1—2 注意的是不同层次之间的结构性关系,而涌现 3 注意到的主要是演化的、复杂的系统动力学性质。

涌现 1—2 与涌现 3 所需要的系统在如下特性(不管对涌现的认识是否还存在潜在的混乱,可能有不同种类和来源的涌现词汇表和各种方法论)上显现出程度或性质上的区别。(1)非线性。建基于早期系统理论研究基础上的涌现 1—2 概念包括某种程度的非线性,如按照负反馈和正反馈环节(在自然中它们是非线性的)加以研究,但它们既不包括"小原因,大结果"的研究,也不包括对发现在涌现现象中的非线性相互作用的强烈关注。对后者的关注是涌现 3 概念的特征。(2)自组织。虽然术语"自组织"偶尔被早期的系统思想家所应用,但在涌现 1—2 中涉及的首先是一种自我调整的过程;在复杂性理论视野中的涌现 3 意义上,该术语涉及的是创造性、自产生、一个复杂系统的适应性探索行为。(3)远平衡。建基于早期系统理论的涌现 1—2 概念探索的是系统如何趋向一个平衡终态或如何趋向动态平衡[如一般系统理论中的等终极性

(equi-finality)概念],反之,复杂性科学中的涌现 3 概念对培育涌现的"远平衡"条件更感兴趣。在涌现现象中看到的本质上新奇性的起源之一的方式,就是在远离平衡态的条件下考虑到随机事件的增加而获得的。这种随机事件的扩大对于涌现是其具有不可预知的特性的关键理由之一。(4)吸引子。"吸引子"唯一可以用于早期系统理论中的是平衡终态,而在复杂性理论中,存在不同种类的吸引子(如固定点、极限环和所谓的奇怪吸引子)。如上所述,涌现现象如进入新性质层次就像复杂系统进入新吸引子模式那样。

2. 随附性的涌现和非随附性的涌现

另外的第二种分类是按照涌现概念关注的问题焦点而分类的。有两个在目前研究中常常被使用的、不同的涌现概念。其中之一仍然以关注系统演化中的动力学关系为其本质,而另一个关注一个系统的两种不同特性之间的关系。前者我们已经说过,后者即随附性的涌现。

与随附性有关的涌现概念可以表述如下。为了定义随附性的涌现,我们先要知道什么是随附性。我们假定 M 和 P 是一个系统的两组不相交的属性,例如精神的和物质的属性。

随附性可以定义是:对于 M 中的每一个属性 M,如果任一事物 x 具有 M,那么在 P 中存在一种属性 P 使得 x 具有 P,且如果任何具有 P 的事物,必然地具有 M。[1]

该定义不关心一个系统和它的部分,而是两组不同的属性,其

---

[1] J. KIM, Supervenience, in: S. GUTTENPLAN (Ed.) *Companion to the Philosophy of Mind*, Oxford, Blackwell, 1994, p. 579.

中每一种属性的一种要素在一个也是同一个系统中得到体现。这表明在这些不同种类的属性之间存在一种协变模式（pattern of covariance）。一方面，它允许特性 M 以各种方式得到例证说明；另一方面，只要某种物理属性 P 一出现，就需要例证说明 M。

定义了随附性后，我们可以定义在随附性意义上的涌现。随附性的涌现定义是：一个系统 x 的一种性质 M 对同一系统的性质 P 而言被认为是涌现的，如果（a）M 随 P 而发生并且（b）通过（受限制的）桥接定律 M↔P 是无法说明的。①

在某种程度上，这个概念是某些人接受涌现概念的勉强状态的征兆。随附性适用于这样的情境：两个或更多的实体在宏观层次上的同一性不代表在微观层次上的同一性，但是微观层次上的同一性确保了宏观层次上的同一性。在这种条件下，宏观层次可以说是随附性的。相应的，宏观层次的类似性征不能由一套单一的微观层次组成要素得到完全的解释，而是同样的微观层次要素结构引起了同样的宏观层次现象。放射性概念用于捍卫还原论的合理形式，随附性保留了微观层次比其他更高层次的本体论的优先权。

与之对比，现代涌现概念认为，几乎相同的结构和微观层次的要素互动可能产生不同的结果。正如混沌理论所揭示的，微小的、看似不显著的差异可以导致极其不同的系统产出。在混沌系统里，几乎一致的微观层次的同一性不能确保宏观层次的同一性，随

①　A. Huttemann & O. Terzidis, Emergence in Physics, *International studies in the philosophy of science*, Vol. 14, No. 3, 2000：267-281.

附性使人困惑。值得注意的是，随附性概念在混沌理论给还原论带来严重挑战之前就发展起来了，而对语境敏感的高度可能性削弱了随附性概念的应用。

相应的，在生物学领域，相同的基因也并不一定导致相同的生物体或行为。生物学家瓦丁顿（Waddington）曾经指出，在进化中，生物体的基因构造（先天遗传型）并不总是产生相同的性征（后天表现型）。几乎相同的结构和微观层次要素的互动可能产生极其不同结果的事实，如果这不能说推翻了随附性概念，那也是提出了随附性无法说明的现象，从微观层次上几乎一致的同一性推断出宏观层次的同一性的方法再也不能屹立不倒了。

因此，不同属性之间必定发生的协变方式也可能不是涌现。

3．复杂性理论中的涌现属性

涌现现象在不同类型的系统中表现不同，但是它们都具有某种把它们确定为涌现的确定的、相关的、共同的属性。

一是本质新奇性，涌现的特性不可能在一个复杂系统中被先前的观察所发现。新奇性概念是认为涌现的特征既不是从较低的或者微观的层次与组分上可以预言的也不是可以推论的观点的来源。换句话说，根本上新奇的涌现在它们实际地显现自己之前是不可能被预期到它们的全部丰富性的。新奇性概念是随附性涌现概念的克星。它从本质上切断了返回还原论说明的全部可能。

二是一致相干性，涌现显现为综合的整体，随着时间的推移，它倾向于维持其同一的某些意义。这种一致横越低层次上可分离的组分，并且把低层次分离的组分相互关联起来，进入到一种更高的层次一致上。

　　三是动力学特性,涌现现象并不是预先给定的整体,而是随时间演化的一种复杂系统的属性。作为一种动力学性的建构,涌现与动力学系统中的吸引子相关联。

　　四是宏观层次性,由于一致表现了一种把相互分离的组分相互关联的性质,涌现现象就集中发生在全局或者宏观层次,而不是相反发生在它们组分的微观层次。宏观层次性表明,涌现概念的基础是经验事实,是被观察到的事实。这个特性与下面的公开显现性有类似之处。

　　五是公开显现性,涌现是由它自身的显现所承认的,它是一个经验事实。在人工生命研究中,科学家以发现模拟的术语去定义涌现,提出了它们公开显现的性质。当然按照复杂系统的本性,每一个公开显现显示出的涌现显现都将是不同的,至少与先前有程度上的不同。

　　当然,在说明复杂性的涌现时,我们也发现有一些错误,其中一类可以称为错误归属。例如,对于水分子由氢原子和氧原子组成情况的说明就是涌现说明的错误归属。原有的机械论说明[①],水分子是由一个氧原子和两个氢原子组成:$2H+O=H_2O$。我们在这个说明中了解到的是,水分子的结构、水分子的性质和组成成分的性质信息;未了解到的是,由其组分如何产生水分子的性质如何产生的信息。

　　────────────

　　① 一个机械论的说明应该具有这样的品格:一个复杂系统的特性是机械论的,如果:a. 其成分及其排列决定复杂系统的特性,并且 b. 根据:(i)孤立成分的属性、(ii)合并的一般定律和(iii)相互作用的一般定律,至少在原则上可以推理该系统的特性。反之,如果不能如此说明,那么就是涌现论的。

我们分别了解到两个层次组成的性质,但我们并不了解这两个层次是如何完成转变的,特别是性质的转变。但我们为什么会安心?我们的安心原因是因为在更大的说明理论的框架中,化学的经验事实构成的迄今为止仍然没有被违反的经验定律结成的概念、定律之网覆盖着我们。我们信任它们。

因此,在单独使用从组分到整体的分析性说明时,我们的机械还原论说明是不充分的。同样,如果反过来,如果我们对于这样的还原论说明是安心的,那么涌现论的说明也应该使我们是满意的。而涌现论的解释同样存在问题。例如,有人经常运用水分子的可溶性和不燃性,与组成它的氢的助燃性、氧的可燃性完全不同进行说明,力图证明较高层次会涌现出较低层次不具有的属性。事实上,这个说明已经偷换概念,因为上面的氧和氢的概念都是一个模糊概念,氧作为分子才具有可燃性,氢作为分子才具有助燃性。原子层次的问题不是化学说明问题,而是物理学说明问题。

五、实在中的复杂性与简单性

关于"复杂性"和"简单性"关系的研究,目前在我国哲学界特别在科学哲学界是一个正在引起关注的重要问题域。复杂性是什么,复杂性与简单性的关系如何?这些问题正在引起热烈的讨论。在 2000 年第 1 期的《自然辩证法研究》中,我曾经简略地讨论过复杂性与简单性的关系,在那篇文章中,我提出了三个涉及复杂性与简单性关系的问题。我称它们为"复杂性存在论"问题、"复杂性演化论"问题和"复杂性方法论"问题。

复杂性存在论问题涉及的是复杂性与简单性在存在层次是否是客观世界的属性的问题,以及复杂性与简单性同非线性、线性的关系问题;复杂性演化论问题涉及的是复杂性从何而来的问题,即复杂性自简单性演化而来呢,还是自复杂性演化(复杂性程度不同的演化)而来呢?复杂性方法论问题涉及的是刻画世界的复杂性方法与简单性方法有无本质区别,科学模型方法追求的是什么。

现在我想更深入地探讨这些问题,并且从第二个问题开始做出探讨。在本节我们只讨论"复杂性演化"和"复杂性存在"的问题。

(一) 关于复杂性、简单性与线性、非线性相互关系的问题

在许多文献中,我们都被告之,这个世界是从简单到复杂演化而来的。大爆炸宇宙理论和进化史也告诉我们,世界最初是简单的。对此我们已经不可能做出任何验证了。这个论点在复杂性与简单性的关系上,必然地带来这样的答案,即复杂性自简单性演化而来。中国古代圣哲老子直觉地猜测演化过程是一个"道生一,一生二,二生三,三生万物"。我认为,我们在这样的认识过程中,已经预设了自然界是从简单演化到复杂的。现在,这个预设遇到了问题。

我们要问,从道始,演化如何从一过渡到二,从二过渡到三,又过渡到万物的呢?即简单性如何演化成为复杂性呢?老子没有解释。另一方面,在线性和非线性关系上,根据现代物理理论,线性关系无法演化出非线性关系。

我们在这里实际上遇到了两对范畴:简单性与复杂性,线性与

非线性。关于复杂性、简单性与线性、非线性相互关系的问题是一个需要深思的问题，其中有许多极有意义的需要进一步探索的问题。例如，现在人们都承认非线性是复杂性的本质和来源，线性体系无法产生非线性（仅指只有线性关系时）。但是当我们运用演化观点看待世界时，我们又要承认世界是从简单到复杂演化而来的。这就存在悖论，即从简单性演化的世界如果一开始是线性的，而线性体系无法产生非线性，那么今天的复杂性世界如何而来？如何解决这个悖论呢？

如果我们仅仅机械地把简单性与线性联系起来，认为简单性的基础就是线性，不可能有非线性的因素，认为复杂性的基础就是非线性，不可能存在线性因素，那么，如上悖论在逻辑上是无法解决的。因为线性无法过渡到非线性。但是如果我们撇开关于简单性基础一定是线性、复杂性基础一定是非线性的洞见，情况就会改观。这里逻辑上有两个解决方案。第一，承认世界本质就是非线性的世界，承认简单性和复杂性的基础可能都是非线性；承认简单性与复杂性的区别，不是线性与非线性，即简单性的基础至少不都是线性；以非线性为基础的复杂性也存在不同程度的差别，那么就把简单性的基础——线性从客观世界摈弃出去了，线性只是人类的幻象，简单的线性关系只是人类对客观复杂本质的近似；简单和复杂就都是客观世界的现象，和人类对这种世界演化发展的反映。第二，承认简单性与复杂性都是世界的基本属性，但复杂性是世界演化出来的基本性质。然而这就遇到了解决简单性与复杂性过渡关系的桥梁问题。问题的关键在于，体系的均匀性和叠加性如何过渡到非均匀性和非叠加性呢？是不是只能用涨落观点解决这个问题,即认为世界是永恒运动的,系统的元素和要素的关系在涨落的推动下,可以由简单性关系进化到复杂性关系(第一推动)呢?

对以上两个逻辑解决方案,目前我们的回答是,不必完全求助于涨落,要找到简单性到复杂性、线性到非线性的过渡机制,还没有确定的科学定论。但根据目前科学理论提供的证据看,悖论的解决更倾向于第一方案。即把线性作为简单性的基础——可能只是人类的幻象、人类思维创造物和技术创造物的反映,而简单性和复杂性可能存在共同的基础——非线性才是真实世界的本质。

现在让我们对简单性和复杂性的基础都可能与非线性有关的猜测进行论证。

这个问题首先牵扯到宇宙的起源和演化,流行的大爆炸理论和暴胀宇宙理论,提供了对宇宙中实物粒子从无到有、基本粒子从简单到复杂的诞生过程描述。但是宇宙通过真空相变而产生实物粒子的说法,一开始就把演化动力归结到涨落的观点,即首先把演化动力的殊荣给了随机性,其次该观点也包含着非平衡的因素。在而后的宇宙演化过程中,宇宙学关于中子、质子和巨大的能量(按爱因斯坦理论,质能相当)相互作用而产生更多更重元素和粒子的说法,也包含着宇宙一开始就是非线性的观点。尽管从物质种类的角度,初始宇宙比现在的宇宙简单得多,但宇宙是非线性演化而来的。因此,高度不确定性的现代宇宙学给我们的答案是,从一、二到三的演化过渡的动力是随机力,非线性一直伴随着宇宙演化。

耗散结构理论中的布鲁塞尔器模型中似乎仅包含 X 和 Y 两个组分,但是布鲁塞尔器被称为三分子模型,因为反应中包括两个 X 和一个 Y(另外还包含着 A、B、C、D、E 等在反应过程结果时不变的组分,但是不等于中间不变)。其中,两个 X 有相互作用,在催化剂和另一个组分 Y 的作用下,它们可以自产生第 3 个 X(见反应第二步),而 X 和 Y 相互作用,交叉催化,该反应如下:

$$A \longrightarrow X$$
$$2X + Y \longrightarrow 3X$$
$$B + X \longrightarrow Y + D \tag{2-8}$$
$$X \longrightarrow E$$

令动力学常数为 1,可以得到如下方程组:[①]

$$\frac{\mathrm{d}x}{\mathrm{d}t} = A + X^2Y - BX - X$$
$$\frac{\mathrm{d}y}{\mathrm{d}t} = BX - X^2Y \tag{2-9}$$

可见三分子模型的动力学基础是非线性(方程本身也表现出了非线性)。

在"超循环论"中,可以把以上的布鲁塞尔器写成如下超循环形式,相互作用的形式就更清晰了(图 2-12)。

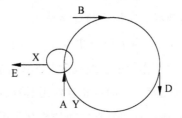

图 2-12　布鲁塞尔器的"超循环论"

---

① 普里戈金:《从存在到演化——自然科学中的时间及复杂性》,曾庆宏等译,上海科学技术出版社 1986 年版,第 90—91 页。

以上方程和循环都提供了这种示意,即两个组分可以通过自相互作用和交叉相互作用产生非线性。

超循环论还提供了通过突变方式向更高的复杂性生长的过程(图 2-13)。[①]

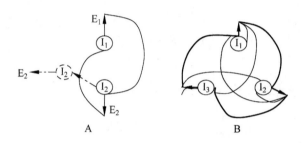

A   B

图 2-13 循环进化原理[A. 出现了 I_2 的突变体 I_2;

B. 此突变体现在并入了此循环环中(I_3)]

此外,艾舍尔(Escher)也提出了一系列反应模型,这些反应模型的解析结果和数值模拟表明,即使在只有两个变量的反应体系中和动力学满足质量作用定律的条件下,只要反应模型中包含有布鲁塞尔器的第二个步骤或 $A+2X \longrightarrow 3X$ 型的三分子自催化反应步骤,就能够出现耗散结构式的有序结构。

这表明,二可生三,两个组分事物的相互作用可以产生复杂性,但两个组分的相互作用中已经包含着非线性相互作用。其中,一个是事物自己的元素之间的自相互作用,构成自循环;另一个是该事物的要素与其他事物的要素之间的相互作用。我们原以为两

① M.艾根、P.舒斯特尔:《超循环论》,曾国屏、沈小峰译,上海译文出版社 1990 年版,第 177 页。

个事物之间的相互作用一定是线性关系,而三个事物或抽象为三个要素以上才有非线性的关系。因为两个事物的相互作用是线性相互作用,而三个不同事物的相互作用才能产生非线性演化。现在看来有误。

因此,原来我们以为"二"可以代表简单性,以为线性相互作用的基础一定是两个相互独立的事物,现在看来是有问题的。我们以此为基础建立的非线性一定要三个相互独立的事物的观点,现在看来也需要修改。换句话说,老子的二生三的问题,超循环论已经给出一种科学假说,但是无论布鲁塞尔器还是超循环进化的"二进化到三"的问题,都隐含了以非线性相互作用为基础的观点:"二"也包含非线性相互作用。因此,"二"这样简单的情况也存在以非线性相互作用为基础的例子。而关于宇宙爆炸和暴胀的理论(如暴胀可能是大量不同初始量子态的结果,以及可能是随机暴胀的结果)仍然以第一推动是随机性和非平衡性的观点为基础。非平衡即包含非线性。有哪一个进化或从简单到复杂的进化不包含非线性呢?

因此,由以上证据我们推论,线性实际上是科学家对真实世界简化的思维结果,而不是自然界的属性,非线性才是这个世界的基本属性。

由这样的结论我们还会得出一个推论,那就是复杂性和简单性都是世界的现象。因此,在这里我们已经消解了复杂性的问题。因为复杂性和简单性都不是自然界的本质,而只是自然界的表象。当然,同作为现象,两者的关系有无客观性差别,是我们最关心的问题。在第二部分我将回答这一问题。

（二）以非线性为基础的本体论简单性和复杂性

在承认非线性作为基础的演化论中，简单性与复杂性的关系又如何呢？

过去，我曾经认为，复杂性与简单性在本体论上有绝对的差别，其差别的基础就是线性和非线性。即简单性以线性为基础，复杂性以非线性为基础，这样两者间就存在绝对差别。经过上面的论证，我们已经证明，作为简单性的基础的线性是科学家为处理问题简化而在思维中存在的某种范畴，它类似于理想模型、理想概念，不存在于真实的自然物理过程和生命世界中。况且在实践中，真实的相互作用不知道要包含多少异质性的相互作用。简单性与复杂性相互区分的基础的差别只在表象中存在，而在现实世界中根本不存在，因此我们也不能根据理想去区别简单性与复杂性。但是，如何在实践中区分简单性和复杂性呢？让我们从事物的实践性演化过程开始思考整个问题。

在过去简单性被认为是世界自身的基本属性，复杂性从没有被认为是世界的属性，至多被认为是简单性的复合产物，是现象。复杂性甚至被认为是认识主体运用简单性原则处理问题时能力不足所导致的结果。因此，过去无论在认识论或本体论上，"简单性"与"复杂性"的地位都是不对称的。现在我要说，今天复杂性与简单性的地位仍然是不对称的，不过应该倒置它们先前的不对称，复杂性比简单性更基本；在某种意义上，简单性更是科学家思维经济的思维创造物，它只存在于客观知识的"世界三"、人类思维世界和人类创造的技术世界中。

问题并没有完结,如果非线性是简单、简单性和复杂、复杂性的基础,那么作为非线性表象的简单性和复杂性的差别仅仅是非线性程度不同而已吗? 如何区别简单性和复杂性呢? 是不是简单性与复杂性仅仅是认识论意义的范畴,而不具有本体论意义呢?

我认为,首先要逻辑上自洽,统一于非线性基础上的简单性与复杂性的关系只能是它们的非线性程度不同。我们在数学上的简单公式

$$x_{n+1} = 1 - \mu x_n^2 \quad (n = 1, 2, 3, \cdots\cdots, k) \tag{2-10}$$

第一次迭代是简单的,但是第 j 次迭代已经不是简单的,因为这相当于

$$x_2 = 1 - \mu x_1^2, \quad x_3 = 1 - \mu (1 - \mu x_1^2)^2$$
$$x_j = 1 - \mu x_{j-1}^2 = 1 - \mu [1 - \mu (1 - \mu x_{j-3}^2)^2]^2 = \cdots\cdots \tag{2-11}$$

如果迭代次数越多,迭代就越复杂,因为 j 次迭代的最高阶数可达 2^{j-1} 次,可见非线性程度是渐增的,因此复杂性程度也是渐增的。

同样,著名的面包师变换开始是简单的,后来就会越来越复杂,即把面团折叠一次(如果面团带有不同的颜色条,可以看出折叠的复杂性演化)是简单的,因为折叠的形状、回路是简单的,而折叠多次后,我们就根本无法辨认其折叠形状、回路发生了多少交叠、褶皱。

从上面的例子看,简单性和复杂性似乎不存在绝对的界限,我们不知道什么时候简单性变成为复杂性。实际上,迭代的阶数是表现和区别简单性与复杂性的一个方面,该迭代还存在一个 μ,科学家已经证明,这个小小的 μ 值对复杂性演化具有决定性意

义。当

$$\mu > \mu_\infty \approx 3.571448\cdots\cdots$$

迭代再无周期,而变成混沌。就存在这个具有绝对意义的参数而言,还是存在本体论意义上的复杂性和简单性,如我在另一篇论文中所指出的,存在运动复杂性和结构复杂性,当然也可能还存在其他(如序列复杂性等)复杂性,那么就同样存在相应的简单性。[①]

至少有两种运动复杂性,第一是突变论意义的——指运动曲线或轨道非光滑有突跳的运动。第二是混沌意义的——指运动的相邻轨道永不相交、相互分离的运动。以上两种运动都是传统数学不可分析的。现代分析工具主要是混沌理论、非线性动力学等。运动复杂性涉及运动发生条件以及对条件的敏感依赖性程度,同时也涉及不同层次和尺度的运动。

同样存在两种结构复杂性,第一是分形意义的——指系统内部结构具有多层次、多部分,并且各个部分相互联结、嵌套、递归。第二涉及结构稳定性,局部非稳定的结构具有多个分岔点、鞍点,它同时也是复杂性的结构。当然也有完全不稳定结构,但它存在时间极短,有时处处不稳定,或时时不稳定,这种结构目前还不可分析。此外,稳定与非稳定结构还牵扯着结构演化以及演化方向问题。

倒过来看,与运动复杂性和结构复杂性相对应的,同样应该存在着简单的运动,存在着简单性的结构。我们知道,至少在人工技术创造物中存在简单物,如规则的整形、规则的运动。因

---

① 吴彤:"复杂性研究的若干哲学问题",《自然辩证法研究》2000 年第 1 期。

此,本体论上还是可以对复杂性与简单性做出区别的。而按照以上关于运动复杂性的定义,我们同样可以定义运动简单性,非突变的运动和非混沌的周期运动即简单性的运动,非分形和稳定的结构即结构简单性。但是这些简单性的运动和结构都不再排除非线性。

诺贝尔物理学奖得主盖尔曼说,简单性是指缺少(或几乎缺少)复杂性,原意为"只包含了一层(once folded)"的意思;而"复杂性"一词则来源为"束在一起"的意思。[①] 在盖尔曼那里,简单性意味一层内的事物,而复杂性意味着多层次事物的连接和跨越。

因此,简单性和复杂性还是有本体论意义区别的。当然,这还需要依托自然科学各个学科的发展进一步研究。

六、复杂实在演化研究仍然存在的问题

我们论证了复杂性演化的若干情况,论证了非线性是复杂性从简单性演化而来的基础和动力,论证了线性作为简单性的基础的错误,论证了简单性的基础中至少包含着非线性内容,这样演化才成为一种自然的合理过程。我们也解决了以为"二"只能对应简单性和线性相互作用,"三"一定对应复杂性和非线性相互作用的误读问题。

我们也论证了存在本体论的复杂性和简单性及其它们的"绝对"差别,为简单性和复杂性奠定非线性基础做了说明和解释。当

---

① 〔美〕M. 盖尔曼:《夸克与美洲豹——简单性和复杂性的奇遇》,第 27—28 页。

然,所有这些论证和解释还都是初步的,随着关于复杂性和非线性的研究深入,我们对其性质和演化的认识也必定深化。

我们还要进一步指出,研究复杂性与简单性的关系极具意义,它是哲学研究的一个新视角。历史上还原论、简单性思想根深蒂固。简单性被当作真理的基本特征,复杂性仅仅是现象。简单性不仅被理解为方法上简单省力所需,而且被作为真理的一个特征。简单性不是一个工作假说,而是真理。从柏拉图到哥白尼的天文学学说都声称,要将天上系统的表面的复杂性归结为某种简单的真实运动的框架中!连伟大的爱因斯坦也声称自然是简单的。简单性思维在人类思维史上有过重要贡献,以至于物理学家把简单性看成真理的化身,看成美的标准。赞美简单性这个孤岛的人们忘记了还有复杂性海洋。

目前在研究"复杂性"与"简单性""复杂性"与"非线性"相互关系时,还存在许多问题,首先自然科学与技术科学领域关于非线性、复杂性问题的研究还初露端倪,许多复杂性、非线性问题正在得到关注和解决。复杂性研究应该是自然科学、技术科学和人文社会科学家联手共同关心和解决的问题域,可惜这方面的努力还远远不够。

第二,从事复杂性研究的人文社会科学家应该向复杂性、非线性研究的自然科学和技术科学领域的做法学习,从具体问题入手,详细研究复杂性与简单性的相互关系怎样存在、演化,而不要仅仅做复杂性、非线性科学对社会发展、科学概念有多么重要意义的空论。

第三,我们在研究本体论意义上的复杂性、非线性时,要注意分析具体问题中的复杂性和非线性，因为非线性不像线性、非线性的"个性"更强、更多，几乎一类系统就有一类非线性个性，而不掌握非线性的个性，就无法使得研究深入下去。[1]

　　关于认识论意义上的复杂性、非线性研究，我们在下章进行讨论。

---

[1]　谷超豪："非线性现象的个性和共性"，《科学》1992 年第 3 期。

第三章　复杂性的认识论研究

事实上,绝大多数的复杂性概念是一种人类认知测度概念,特别是算法和计算复杂性概念。例如,美国匹兹堡大学资深教授雷歇尔就非常明确地把计算复杂性概念归类为认识论复杂性中。

复杂性的认识论不是要把认识本身、认识过程和认识方法复杂化,而是揭示出在人类的各种认知活动、过程中存在着复杂的现象、属性,并且复杂性的存在和演化对于我们的认识能力的发展也特别具有意义。

本章讨论如下一些重要问题。第一,作为一般人类认识活动和过程中的复杂性问题;第二,在认识行动者之间被称为主体际性或者主体间性的复杂性问题;第三,作为认识成果(主要是以文本形式出现的成就)的复杂性问题。

一、一般人类认识活动的认识复杂性

我们常听人们说,某某问题……太复杂了,不好认识,不好判断。人们对这种太复杂的问题,常常采取的办法是,不去碰它,或绕开它。复杂性在这里是一种认识的避难所。要讨论清晰认识论意义上的复杂性,须先对简单性概念进行讨论,然后通过科学研究中的复杂性概念的借鉴,导入认识论的复杂性概念及其论证。

为讨论方便,先给出我对认识论意义的复杂性一个描述。所谓认识复杂性,即有效解决对象的认识难度所付出的代价。研究问题的复杂性可以用研究问题的时间长短和投入精力多少描述问题的难度和解决问题的代价,即该问题的研究复杂性。当然,这还涉及认识论复杂性与客观本体论复杂性的关系,雷歇尔探讨过复杂性的客观模型,他将复杂性描述为组分复杂性[包括构成复杂性和分类复杂性(异质性)]、结构复杂性(包括组织复杂性和层次复杂性)。① 我也曾从科学哲学角度探讨了客观复杂性,将客观复杂性分为结构复杂性、运动复杂性、边界复杂性等。② 更早些,王志康、闫泽贤、陈忠、胡皓等对客观复杂性进行过描述。③ 但仅依赖客观复杂性的描述还不能完全解决或替代认识复杂性问题。因为认识难度问题与认识主体及主体间性有密切关系。在客观性角度看,复杂性与事物存在和演化的因果关系的多样性、层次性有密切关系,对此,很多学者曾从辩证唯物主义哲学的角度对因果关系的多样性等给予一定的解读,而没有明确从复杂性角度进行研究。当然,认识的多因果关系也会影响认识的复杂性问题。近年来有学者呼吁哲学要研究复杂性问题,并且认为辩证法是研究复杂性

---

① Nicholas Rescher, *Complexity*: *A Philosophical Overview*, Transaction Publishers, New Brunswick, New Jersey, 1998, p. 9.

② 吴彤:"科学哲学视野中的客观复杂性",《系统辩证学学报》2001 年第 4 期。

③ 王志康:"论复杂性概念——它的来源、定义、特征和功能",《哲学研究》1990 年第 3 期。这个描述性定义后被用于闫泽贤、陈忠、胡皓等主编的《复杂系统演化论》(人民出版社 1993 年版,第 50 页)。

的哲学,形而上学是研究简单性的哲学。① 关于复杂性问题研究与辩证唯物主义哲学关系的讨论,我们这里暂不讨论。

(一)认识过程中的"简单性"概念

"简单性"概念在认识论中的地位和意义如何,并不是不需要讨论的问题。简单性一直在认识论中具有潜在的基础性意义,人们在认识中不断追求简单性,甚至把简单性称为一种客观存在、规律和理论的终极目标。这种目标更由于主流科学家中精英人物的信念而得到强化。譬如,爱因斯坦就特别推崇简单性,甚至认为它是世界的根本属性。根据波普尔,在讨论认识论问题时,我们在这里要排除美学意义或实用意义上的简单性信念,因为它们不在认识论范畴内。而实际上大多关于简单性的讨论都没有区别简单性的美学或实用意义与认识意义。我们在这里仅探讨理论上认识论意义的简单性和复杂性的关系。

方法论上我们追求简单性,无论对复杂的对象还是简单的对象,无论是我们的理论还是描述陈述,都是如此。但是在认识论意义上,情况并非如此。我们所认识的对象和我们的认识能力之间存在一种动态的变化的关系,对这种关系的有效表达,恰恰是简单性信念不能完全涵盖的,因此需要复杂性概念的帮助。

关于认识论意义或逻辑意义上的简单性概念,有不同的认识论理解。

约定主义对"简单性"的使用不仅包含着部分实用和部分美学

---

① 　林德宏:"辩证法:复杂性的哲学",《江苏社会科学》1997 年第 5 期。

的意义,而且由于其简单性的约定性质,因此约定主义概念必定具有任意的性质。由于存在这种任意性,就不存在逻辑上的判定何为简单的和复杂的稳定标准。

逻辑实证主义在科学史基础上天然地把简单性当作实在的尺度。逻辑实证主义关于简单性的信念与其归纳证实的观点有着紧密联系。按照波普尔的观点,

逻辑实证主义的图式:简单性＝参数少＝高先验概率

逻辑实证主义由于遇到不可逾越的归纳问题困难,以及观察渗透理论等命题的冲击而遭受重创。这种"简单性"观念也同样既无法证实也无法证伪。

波普尔在《科学发现的逻辑》的第七章从可证伪度的角度专门讨论了"简单性"问题。在"简单性"问题上,他批判了逻辑实证主义的观点,正如他所言,说一个证明比另一个证明简单,"从知识论的观点看,这种区别意义很小;它不在逻辑的范围之内,只是表示一种美学性质或实用性质的选择"。"在所有这些情况下,很容易排除'简单'这个词;这个词的使用是逻辑外的。"[①]同样,波普尔认为,简单性概念应用在规律上也无法说明较简单的规律与较复杂的规律相比较,具有什么逻辑的或认识论的优点。波普尔给出了"简单性"的一个认识论意义,那就是一个低维度的理论常常更容易被证伪。如果把可证伪度与简单性联系在一起,则简单性才具有认识论意义。波普尔认为,简单性对应了容易证伪,而复杂性则

----

① 波普尔:《科学发现的逻辑》,查汝强、邱仁宗译,沈阳出版社1999年版,第133页。

不容易被证伪,因此科学家才常常选择较简单的理论。波普尔给出的图式如下:

可检验性＝高先验不可几性＝参数少＝简单性

波普尔式证伪被证明是过于简化了。后来人们证明当理论遇到反例时,不一定能被证伪,因为还包含先行条件(而且先行条件也可能包括 C_1, C_2, C_3 ……C_N)。因此,简单性只是科学家研究中的一种信念而已,无法证明也无法证伪它是认识的客观属性。

另外,知识就其系统性而言,其各个部分常常具有或强或弱的相关性,知识系统中每一个要素的改变都与其他所有要素有关,正如贝塔兰菲对系统概念所表示的那样。[1] 这就使得无论证实还是证伪都变得非常复杂。

不仅如此,无论逻辑实证主义的证实还是波普尔的证伪,都是基于经验检验判断理论的真伪。从复杂性认识观点看,他们的标准可以统一为一种,即以知识的显明性为科学知识理论的真理判断标准,凡是不具有显明性的东西都应该排除在科学知识体系之外。这种排除非显明知识的做法有一定的功绩,对知识清理有一定历史功绩。但是现在看来,这种排除不仅有问题,而且不可能彻底排除非显明知识。我们在知识的根基上仍然可以找到形而上学。我们必须对知识采用抽象方法,但是也必须参照背景予以构筑。一些哲学家也包括一些经济学家都注意到了非显明知识即默会知识及其意义。例如,波兰尼对默会知识进行了系统分析,他认

---

[1]　Ludwig von Bertalanffy, *General System Theory*, *Foundation*, *Development*, *Applications*, George Braziller, Inc. 4th printing, 1973, p. 66.

为存在默会知识起作用的三个领域,它们是默会成分支配一切的领域,他称为不可表达的领域;默会成分与携带其意义的文本共同扩张的领域;默会成分与形式成分相互分离的领域。[1] 图 3-1 是日本学者野中郁次郎(Nonaka)利用波兰尼的默会知识思想对知识和意义做出的划分,表明这种认识复杂性的思想在管理科学中的重要意义。[2]

知识创造

	默　会	清　晰
默　会	社会化	客观外化
清　晰	内在化	结　合

图 3-1　知识属性的复杂性 I

信息经济学家布瓦索从信息空间的角度分析了从默会知识向显明知识过渡的制度性问题。[3] 布瓦索承认知识存在默会性、私人性和秘密性,认为认知的不同方式有:(1)无法表达的领域;(2)半缄默的领域;(3)高度编码和抽象化的高级领域(仍然存在语言与思想的非清晰表达过程)。他认为,社会进步的方向是信息空间的知识编撰、编码、扩散。他构造了三度空间:E 空间,即认识论的空间;U 空间,即实用空间;C 空间,即文化的空间;然后通过信息空间进行整合,用以分类各种知识,他认为熵是社会获得意义的

---

[1]　波兰尼:《个人知识》,许泽民译,贵州人民出版社 2000 年版,第 129 页。

[2]　I. Nonaka, A Dynamic Theory of Organizational Knowledge Creation, *Organization Science*, Vol. 5, No. 1, 1994:52.

[3]　马克斯·H. 布瓦索:《信息空间——认识组织、制度和文化的一种框架》,王寅通译,上海译文出版社 2000 年版,第 169、204 页。

损失,我们应该通过制度化与熵作斗争。[①]

近年来,默会知识如何走向显明知识,能否全部完成这种转化的问题已经成为创新研究中非常重要的问题。而且默会知识与中国、东方知识和西方知识的区别、联系等关系的不同民族知识状态、演化轨迹等重要问题也关联在一起(图 3-2)。

这些问题都是认识论简单性思维和方法或从认识论简单性出发的认识无法完全解决的问题,需要复杂性思维和认识的介入。

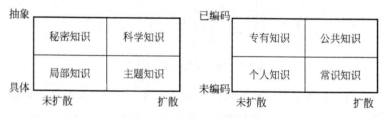

图 3-2　知识属性的复杂性 Ⅱ

(二) 认识的难度问题与复杂性

如何描述认识中的复杂性? 在认识中不理解对象,或对象很难理解,是否就复杂呢? 反之,有效描述了对象,对复杂性对象的有效反映就是客观意义的认识复杂性吗? 当然,我们认为还是存在被标准化的所谓客观意义的认识复杂性。例如,我们下面讨论的信息意义上的认识复杂性,这种不涉及人——主体间差异的复杂性就具有某种标准化的意义。事实上,无论在日常生活上还是

---

① 马克斯·H.布瓦索:《信息空间——认识组织、制度和文化的一种框架》,第204页。

在哲学认识论上,总是存在各种意义的认识难度问题。关于认识的难度,在科学哲学上常把问题的难度区分为两种:知识性难度和探索性难度。前者是针对认识个体(也包括一个局域的集体、集团、共同体等)的认识难度,后者是针对整体人类当时认识水平的难度。我们过去常常排除了前者,认为只有后者才具有意义。

　然而,认识复杂性往往出现在人类不同部分对同一对象的认识不同上。科学理论也常常具有文化气息,渗透了文化涵养。因此,一般知识性难度不仅存在,而且仍然是有意义的。但是,对于科学而言,更具有意义的是探索性问题的难度,因为它常常难倒人类最精英智力的部分。

　我们先讨论探索性知识难度。由于这种难度是针对全人类作为一般认识主体而言的,因此这种复杂性与作为个体主体之间的认识差异无关,这种认识可以普遍化成为一种编码过程。而我认为,计算机或信息论理论则描述了这种信息和认识意义的过程。

　首先,让我们从信息理论的角度来看待问题。信息的简单还是复杂涉及的是表达信息的序列串如何。简单的非复杂系统的产生指令很简短,通常也很明显,如所有项相加即为和。

　序列 aaaaaa……是均匀的。对应程序是:a 后续写 a。这短程序使这个序列得以延续,不管要多长都可办到。序列 aabaabaabaab……的复杂性高一些,但仍很易写出程序:在两个 a 后续写 b 并重复。其至序列 aabaabababbaabaabababb……也可用很短程序来描述:在两个 a 后续写 b 并重复,每三次重复将第二个 a 代之以 b。这样序列具有可定义结构,有对应程序来传达信息。

　比较上面三个序列的描述,我们应该承认它们一个比一个复

杂些。再看下面的序列：aababbabbabbbabaaababbbab……，它不再
是可识别、可压缩结构，若想编程必须将它全部列出。

信息角度的认识复杂性在某种意义上甚至与主体人无关，它
仅仅是认识对象所天然具有的，但是它一定与另外信息串或数据
串有关，就这种相对的比较而言，才与主体的人有关。

为了解决这些关于如何认识复杂性增长和判别复杂性程度的
问题，科学家定义了多种描述性的复杂性概念。事实上，计算复杂
性就是指解决随问题规模 N 增长而所需要的认识代价的增长。
这种简单性和复杂性的分野是，如果计算时间（或空间）的增长不
超过 N 的某个幂次或多项式，那么该问题是简单的，称为 P 类问
题。如果增长速率超过 N 的任何多项式，则问题是困难的，称为
NP 类（NP 即 Non-deterministic Polynomial 的缩写）问题，即复杂
性问题之一。① 例如，推销商路线选择问题就是一个 NP 问题。它
是这样问的，假设某位推销商要走访一组的所有城市，且经过每一
个城市的次数只能一次，问最短路线？寻找最短路线的算法将随
着城市的增长而呈现指数幂的增长。如果存在 60 个城市，检查每
一种旅行路线的总花费时间将要用 366 个世纪！

（三）知识、文本和意义复杂性

知识复杂性也是基于计算复杂性来定义的，即知识复杂性与

---

① 张效祥主编：《计算机科学技术百科全书》，清华大学出版社 1998 年版，第
1062—1065 页。

计算能力有关。[①] 问题的知识复杂性即精确表示该问题的解所必需的最短的信息序列长度。设初试的问题求解空间为 S_1，考虑该问题时实际计算能力所处理的空间为 S'，当从一个符号或其他语句获得知识，问题搜索空间降为 $S_0 \geqslant S'$，则称该问题的实际知识复杂性为 $\log(S_0)$ 比特，称从该处获得的知识复杂性为 $-\log(S_1/S_0)$ 比特。[②]

以上我们所涉及的复杂性都是在认识中具有标准化意义的复杂性。它们与认识主体的不可认识的、隐喻的、暗含的知识和能力没有或较少相关性。这种复杂性在基于计算的复杂性中体现的最为充分。借鉴这种计算复杂性概念，我们可以从一个本文本身出发，即把本文的意义复杂性定义为清晰表达文本意义的长度所花费的代价。首先，我们把整个人类浓缩为一个"人"。而把整个人类浓缩为一个人，就不存在不同的"人"之间对文本意义的不同理解，只存在他对不同文本的认识难度理解问题，能否测量不同文本在解读难度方面所付出的代价的大小呢？按照我们对一个个体的人的经验类比地看，应该存在这种针对类似个体的人的认识上的难度差异，因此也应该存在对其的度量。

我们先要定义文本。我们把文本定义为见诸某种载体的承载意义的符号聚合体。我们在认识论的意义上讨论文本意义的复杂性。我们先介绍一些研究的展开状况，并在此基础上提出一些理

---

① O. Goldreich, E. Petrank, *Quantifying Knowledge Complexity*, http://www.mit.edu/.

② 徐寿怀等："一个自授权系统及问题的知识复杂性"，《软件学报》1999 年第 2 期。

论思考。研究文本和意义及其两者的关系有多种进路。

第一，计算机科学理论的进路，主要涉及的问题是如何把自然的文本转化为计算机内文本，并且可以进行计算机的结构化解读，生成计算机解读下的文本意义，归根到底实际上是计算机识别、翻译自然文本（也有翻译不同语言文本）的问题，其中当然涉及计算复杂性问题。

第二，语言、语义和语用学的进路，从文本语言的语法结构、语义结构和语境角度解读文本意义，这方面已经形成了庞杂的不同理论①，产生了大量研究成果②，其中也包括中国语言学领域学者们的努力③。语言、语义和语用学的研究触角已经深入到人类学、社会学、历史学等领域，产生了跨学科的人类文化语言学、社会语言学、历史语言学等研究领域和成果。④ 其中部分涉及文本和意

① Geoffrey Sampson, *Schools of Linguistics*, Stanford University Press, Stanford, California, 1980. 另见刘润清编著的《西方语言学流派》（外语教学与研究出版社1995年版），其中涉及的流派有传统语法、历史语言学、索绪尔语言学、结构主义学派（包括布拉格学派、哥本哈根学派、美国的结构主义学派）以乔姆斯基为代表的转换生成语言学派、伦敦语言学派。

② F. de Saussure, *Course in General Linguistics* (1st ed. 1915), McGraw-Hill, New York, London, 1966. L. Bloomfield, *Linguistic Aspects of Science* (International Encyclopedia of United Science, Vol. 1, No. 4), University of Chicago Press, Chicago, 1939. N. Chomsky, *Aspects of the Theory of Syntax*, the MIT Press, Cambridge, 1965, N. Smith and D. Wilson, *Modern Linguistics: The Results of Chomskyan Revolution*, Penguin, Lodon, 1979; etc.

③ 如陈保亚：《20世纪中国语言学方法论》，山东教育出版社1999年版，以及陈书所提到的中国学者的重要工作，其中包括汉语语义结构等研究。如贾彦德：《汉语语义学》（第2版），北京大学出版社1999年。

④ Ronald Wardhaugh, *An Introduction to Sociolinguistics*, third edition. Blackwell Publishers Ltd. 1998. R. L. Trask, *Historical Linguistics*, Edward Arnold Ltd., 1996.

义的算法复杂性、语法复杂性等复杂性认识。[①]

第三，文学研究的进路，主要是从文学理论的角度，研究文学文本的意义显现问题，也包括文本阅读和理解的不同观点，此方面在文论研究上产生了多种文本解读的意义观，如作者意义、文本意义、读者意义等观点。[②] 这些研究和成果对意义解读的复杂性辨析将产生重要影响。

第四，哲学研究的进路，主要是语言哲学的进路[③]，另外有科学哲学、现象学、解释学、结构主义、解构主义的种种主张，产生了大量有意义的、不同的观点。

目前这多种进路已经有所交错、交叉。例如，第一和第二进路的交叉，产生了计算语言学等学科和研究方法[④]，第三和第四进路的交叉，互相吸收各自的观点和方法，使研究在一步步地深入。这些交叉反映了跨学科研究复杂问题的需要和认识。

目前，各个领域的学者对文本和意义的研究，从其各自的角度

---

① 如乔姆斯基对串行语言的分类，被认为是对语言复杂性的一种分类：(1)正规语言(RGL)，(2)上下文无关语言(CFL)，(3)上下文有关语言(CSF)，(4)递归可数语言(REL)，给出了由简单到复杂的乔姆斯基阶梯。Huimin Xie, *Grammatical Complexity and One-Dimensional Dynamical Systems*, Singapore: World Scientific, 1996.

② 见张首映：《西方二十世纪文论史》，北京大学出版社 1999 年版。该书把西方 20 世纪的文论发展划分为作者系统(包括表现主义、象征主义、生命直觉主义、精神分析)、作品系统(包括形式主义、英美新批评派、结构主义)、读者系统(包括文学现象学、文学阐释学、接受美学)、文化-社会系统(包括新马克思主义、文学文化学、存在主义、社会批判理论)、后现代系统(包括解构主义、后现代主义、女性主义、新历史主义、后殖民主义)。

③ A. P. 马蒂尼奇编：《语言哲学》，牟博等译，商务印书馆 1998 年版。

④ D. G. Hays, *Introduction to Computational Linguistics*, Elsevier, New York, 1967.

都涉及文本结构复杂性和意义复杂性的问题,而且对文本和意义的复杂性认识给予了很多非常有意义的揭示和解释,但是自觉从复杂性角度研究文本和意义的,应该说很少。换句话说,自觉地从复杂性角度切入,研究文本和意义的人和成果很少。而且什么是文本的、意义的复杂性?问题本身还需要辨析,学术界也还只是刚刚开始认识。

关于文本-原义,"文本"英文原作"text",源自拉丁语 texere(编织,结构,上下文,文体),又可译为"本文""篇章"或"话语"。文本是指"本来"或"原本"意义上的符号集合体。与此相对应,作品(work)则是已完成的文本。

关于文本-形式,文本是具体可感的形式(form),它与抽象的概念、思想性、情感性内容相对,涉及人们常说的音调与言语、对话与独白、反讽、含混、形象、节奏、比例、表层结构与深层结构等。在这里,形式往往就是那种被重新安置、变形或移位从而获得新的阐释的场所。

关于文本-语义,文本一词一旦被运用,就不可避免地会带有或隐或显的语言学含义。它指的是具体可感的语言性或符号性物品,这种物品的阐释自然需要依赖语言学或符号学模型。因此,可以从语言学的角度去把握文本。

关于文本-语境,文本的意义总是被置于特定语境(context)中去阐释的。这种语境既可指文本内部语句的上下关联性,也可能指文本与外部种种复杂因素的关联性;而无论是内部环境还是外部环境,就其性质而言,它既可能是语言学的,也可能是文化的、历史的、哲学的。就语境与人的关系而言,它可以指作者原来创作时带有的,也可以指读者阐释时新带入的。总之,谈论本文总是要联系它的某种特定语境,这实际上意味着"文本-语境"关系。

文本的上述含义表明它绝不满足于任何单一理论模式的规范,而是不断要求获得新的多方面的具体阐释。这就使它不是成为单一理论模式的简单例证,而成为活的批评对象,并通过这种批语进而成为新的理论模式得以萌芽、生长的东西。

关于文本-意义、复杂性,以上对文本做了定义和说明后,我们可以对文本和意义的复杂性进行说明。文本是意义的符号载体,正如消息是信息的载体;找寻文本的意义,实际上是在一定文本符号组成序列形式中寻找意义理解,按照一定语法、语义规则组织起来的文本形式实际上是消解文本意义混乱的限制框架,具有一定限制意义的解读混乱的工具。那么,文本意义的复杂性问题就转化为在一定文本形式下我们能否理解文本意义的问题。

在这个意义上,我们可以在认识论的意义上定义文本的复杂性为:人类有效消解在了解文本作为载体意义的难度的度量。这里又有三种不同的度量。

第一,以计算机科学理论或信息理论为基础,对文本本身的度量检测的方法。通过这种方法,我们可以了解当我们不丢失文本意义情况下,表达两个文本的复杂性的大小。在科尔莫哥洛夫复杂性——它以度量文本符号串长度为基础,寻找压缩文本和再现文本程序的基础上,我们可以度量文本的某些物理量(文本物理结构＝{标题,段落,句子,词汇},它表示了文本的组成情况,其中段落单元可以用物理结构中段落的位置和边界等信息来表达)来搜寻文本意义。在这种情况下,如果两个文本进行比较,我们就可以通过文本的物理结构的层次多少、句子多少、大小、词汇多少等判断两个文本的复杂程度。

这样的比较，实际上如果深入去看，实在是不能算文本意义的复杂性比较。因为它涉及的主要是文本的物理结构，是通过文本物理量的数量状况进行比较的，所以应该是文本本身的复杂程度的比较。当然，文本本身的复杂性在一般情况下与文本意义的复杂性是对应的，成正比例关系的。

第二，通过文本逻辑结构（文本的逻辑结构＝﹛主题，层次，段落﹜），了解文本意义。这里的段落单元指段落包含的中心思想，而不是物理结构中段落的位置和边界等信息，运用文本的逻辑结构的判断复杂性的实现，可以在文本物理结构的基础上，通过层次的、段落的、句子的逻辑关系进行，仍然可以在计算机上实现。

计算语言学就是沿着这两个道路研究文本及其意义的。基于计算复杂性的文本复杂性实际上是"文本词汇聚合的数量性质＋文本结构"的复杂性。通过计算机实现文本意义的理解必须建立在两个基本条件上。（1）计算机机内有一个范围广阔的通用概念词典，这个词典相当于认知的先在模式，没有这个模式计算机根本不可能解读任何文本。（2）两个文本应该在同样的学科范围内才能进行比较。例如，我们拿李白的诗与托尔斯泰的小说进行比较，解读其意义都存在难度，如果从文本的纯结构角度看，托尔斯泰的小说文本明显比李白的任何一首诗都复杂，但是就其意义的隐含性质看，则无法比较两者的复杂性。

第三，通过文本结构大小与表达意义多少的相对比较，度量文本意义的复杂性。先看一个类比，即这种比较方法类似于比较两个不同大小的国家的人均 GDP。一个国家的总 GDP 与另一个国家的总 GDP 一般不具有可比性,因为不同国家的大小不同、人口不同,参与生产的生产者数量不一样。狮子可以扳倒牯牛,蚂蚁能够运送比自己大 10 倍的食物,从总能力看,狮子的力量大于蚂蚁,但是如果按质量比总力量去比较,也许蚂蚁的力量/质量大于狮子的力量/质量。同样,每个国家的 GDP 除以它的人口,就是人均GDP,只有人均 GDP 具有可比性。比较两个国家的人均 GDP 则能够粗略地比较两个国家的生产能力和效率。假定文本大小的量为 A(该 A 是以字符多少为准,还是以其层次结构的复杂性为准进行度量是另外一个问题),文本表达的意义多寡为 B,则该文本的意义相对复杂性度量为 B/A;在这种相对文本意义的复杂性度量下,则可以比较完全不同文本的复杂性,例如,托尔斯泰的小说《战争与和平》的文本意义相对复杂性为 B_1/A_1,而李白的《将进酒》的文本意义相对复杂性为 B_2/A_2;则两者复杂性的比较为: $B_1/A_1：B_2/A_2$。

在认识代价的意义下,我们还可以仿造计算或算法复杂性,把本文解读得最小复杂性、平均复杂性以及最大复杂性做一描述。

假定在同一文本下,那么该文本解读的最大复杂性,相当于清晰表达文本意义的最小长度所付出的代价(计算机内文本表达长度最小,但所付出的代价最大),它符合经济原则或简单性原则,是我们能够简化原文本表达意义的最小文本的长度。例如,计算机从文本中提取信息形成文摘的办法,就是这种复杂性方法。

该文本意义解读的平均复杂性,相当于清晰表达文本意义的平均长度所付出的代价。

该文本意义解读的最小复杂性,相当于表达文本意义的最大长度所付出的代价,最后的这个最大复杂性并非是无意义的(在计算机科学中它通常是无意义的)。因为对一个文本意义而言,读者可能存在延长其文本本身意义的可能,但是如果限定在文本本身,则最大复杂性就是表达意义的原文本本身(认识最容易,只原封照写,所付出代价最小,但是文本长度最大)。

二、基于主体间性的认识复杂性

上面的认识复杂性是基于一般主体而言的,因此可编码进行解读。下面我们遇到的复杂性则是不能撇开不同特殊主体的特性和知识的背景、环境等因素的认识复杂性。

(一)主体间性带来的认知复杂性

我们知道,就是同样一个文本,尽管我们可以就文本本身进行复杂性的度量,可以就其长度压缩读写程序即认识代价进行客观的度量,但我们仍然会发现,两个不同的认识者在读同一文本时,仍然有不同的意义解读。如果把一般主体意义下的文本意义解读作为一种理想解读,那么不同主体的不同意义解读则是更接近真实世界的文本解读。

为什么会出现这种同一文本的不同解读呢?从哲学角度看,实际上就是主体间性和主体间性之外的视域在起作用。所谓主体间性,原指一个主体可进入另一个主体共享的世界,对分析哲学来讲,主体间性是两个或两个以上心灵之间的彼此可进入性。[①] 事实上,这样看还不够,既然存在认识共享的世界,也就存在彼此不同认识的非共享世界。主体间性是两个主体之间认识的交集部分,那么认识的非交集部分是由谁管理呢?认识意义的不同,恰恰在于两个主体认识视域不同的地方。因此,单纯主体间性也不能完全解决对两个或两个以上认识主体的认识复杂性问题(这里同样撇开了主体认识能力之间的差异)。

我们假定在主体间性管辖范围内的认识复杂性已经可以运用认识代价的共同性加以解决。剩下的问题就是主体间性之外的(对两个或两个以上的认识主体)认识复杂性问题了。如何解决这个问题呢?

我们能否通过扩大主体间性的范围来解决这个问题呢?如果我们能够扩大主体间性的范围,使得在其范围内的认识均成为类似一个认识主体的问题,这个问题就转化为一般认识主体意义下的复杂性问题。当然,认识成为不同主体的共识问题也并非都可以通过认识代价的计算方法度量其认识复杂性,因为主体间性的共同视域内的认识有至少两种情况。第一种是成为共识,第二种是彼此理解,但仍然存在分歧。我们思考的结果是,至少其中第一种大部分可以转化为一般主体意义下的认识复杂性问题。而第二种,即认识主体之间彼此能够理解对方的意义,但并不一定同意对方见解的认识状况,则不能转化为一般认识主体意义下的认识复

---

① 尼古拉斯·布宁、余纪元编著:《西方哲学英汉对照辞典》,人民出版社 2001 年版,第 518—519 页。

杂性。这种情况仍然带来认识的歧义和不同见解，需要进一步辨析。

如何扩大主体间性管辖的共同认识范围？运用静止的界限观点无法解决这个问题，只有通过动态演化的观点才能打破界限，对解决这个问题有所裨益。试想，不同主体是如何通过文本进入彼此世界的？是阅读。第一次阅读完全是另外一个世界的文本时，我们有什么感受？例如，我们阅读雨果的《悲惨世界》或海德格尔的存在哲学时，我们作为东方世界的认识主体有什么感受呢？我们是和另外的认识世界的作者以及他的文本在进行意义交流，几次阅读后，我们有了越来越深刻的理解，这其中不乏真知灼见，也不乏误读。但是我们多少进入了他人的认识世界，或者我们跨入他人认识的世界更多更深了，我们的视域就可能与他人的视域发生一定程度的融合。因此，阅读、对话和交流是扩大主体间性管辖范围的基本手段和工具。

主体间性是否可以无限扩大呢？最终扩大到两个认识主体的视域完全融合呢？这在逻辑上是不可能的，因为如果可以无限扩大到彼此之间没有认识的差异，也就没有了主体间性之外的非主体间性的非共享认识世界，因此也就没有了主体间性。非共享的认识世界的存在表明，总是存在一些彼此无法完全一致和沟通的认识和认识领域。在这里，库恩的不可通约性、彼此无法翻译性，波兰尼的默会知识、个人知识，布瓦索的私密知识总是在起作用。这里的默会知识、私密知识和个人知识没有任何神秘性，它们都是人类不同的经验知识，只是不可编码表达，只有彼此长期互相学习，才能意会性地掌握，其中有些可能可以转化为编码知识，有些可能根本不能转化为编码知识。不能运用语言表达的知识，也就不存在可以运用复杂性度量的可能性。

如上所述，存在三种与主体间性相关的文本认识的复杂性情况。

第一种，在主体间性范围内可通约、可编码的共识性认识。这种知识复杂性度量问题可以转化为一般主体意义下的文本和意义复杂性度量问题。

第二种，在主体间性范围内可以彼此理解的但彼此存在歧义理解的认识。两者彼此的认识复杂性度量可以在彼此自己领域先进行考量，其共同的复杂性则可以把两者独立的复杂性类似矢量乘法那样进行乘积来度量。换句话说，这种意义理解由于无法取得一致，我们可以把两种意义理解均摆出来，其差异部分就是两者单独的复杂性之上的更复杂的部分。

第三种，主体间性之外的私密知识、默会知识所带来的无法编码的、无法沟通的复杂性认识情况。由于这种知识的无法言说、无法表达的性质，因此无法进行编码性的复杂性度量。这里仍然存在两种情况。（1）私密性和默会性是针对自己认识的领域而言的，并非针对不同的认识主体而言的。换句话说，即便是自己，其知识或认识中都存在私密性、默会性。（2）这种本来对自己而言的私密性或默会性认识还要让另外的认识主体意会。这种另外的意会等于在第一个私密或默会性上又加上了另外的私密性或默会性，于是出现了双重的私密性或默会性知识。

你可能说无法言说的东西，不可能在文本中表达，因此应该把这种情况排除在讨论之外。文本本身在字面上的确没有这种不可言说的东西,但文本之所以复杂,就是因为文本字面之外的意义。话语或文字的意义之所以复杂,在于话语和文字背后隐藏着超语言信息,它们是语境、背景知识、文化因素、比喻含义、俚语行话等,它包含有语境信息、语义问题,如词汇有多种含义、隐喻(传统仅认为隐喻具有修辞学意义,现代认为就是言语基本性质,对感知和理解事物有重大影响)、社会学意义的文化习俗、心理行为意义、文学、历史典故、社会变迁影响等。这就告诉我们,不能在文本意义复杂性研究中完全排除私密和默会知识。

　　计算机的使用资源(空间或时间的)代价性复杂性是一种通用复杂性,而认识的复杂性则是具有个性的复杂性。正因为如此,认识才有共同部分和歧义部分,才呈现出如此丰富多彩的特征来。当文本不是面对某一特定的接受者而是面对一个读者群时,作者会明白,其文本的诠释标准将不是他或她本人的意图,而是相互作用的许多标准的复杂综合体,包括读者及读者掌握(作为社会宝库的)语言的能力。[①] 因此,事物的意义才不仅依赖于被表达的语言(编码)、传输的媒介和信息,而且也依赖于上下语境关系。

　　关于第三种意义复杂性,我们现在还无法给出度量的说明。但我们认为,要考虑这种复杂性问题,则应该从文本整体出发,特别应该注意文本的时代、文本整体语境等问题,这对文本背后的私密和默会性知识影响的解读会发挥一定的积极作用。

　　此外,通过交互性阅读、理解和交流,文本的意义还存在进一

---

　　① 艾柯等:《诠释与过度诠释》,王宇根译,生活·读书·新知三联书店1997年版,第82页。

步的演化。因此,我们尽管认为文本一旦完成,就存在一种客观的不可改变的意义。但是至少在此基础上,意义在作者那里和在读者那里都会产生演化性新解,这种新解按照现象学、诠释学及其历史演化、结构主义和解构主义的观点,都有不同的解读;后来的诠释学,例如在伽达默尔那里,至少使我们意识到即便误读也存在建设性的意义创造。不必考量文本的真正意义,也许文本的意义就在于文本解读的过程中。这种观点尽管满含相对主义的嫌疑,但对意义的独断论是致命一击。意义的演化性也同样是文本意义的复杂性所在。文本意义一般总是从简单向复杂演化的。例如,最先存在的应该是作者的意图,作者完成文本,本来是要通过文本表达自己的意图,但这种一相情愿总是和文本自己客观呈现出来的意义是有差异的。正所谓文不达意或文少意多。而读者在解读文本意义时,则存在诠释不足或诠释过度的情况。当然,这种诠释不足或过度,都是以文本存在一个客观的意义标准为前提而言的。伽达默尔告诉我们,这种诠释就不存在过度或不足,读者所见即便是误读,也有其建设性。

文尽管还是其文,但是意义在演化。于是,这种文本意义就超越了文本自身。而我们研究文本意义的复杂性,能够不管它吗?意义的自组织进化恰恰就是复杂性的基本特征。

现在的问题是,我们如何度量这种演化中的意义变迁呢?

(二) 意义复杂性

1. 多义的意义本身

所谓意义一般是指在一个表达式中所表达、说到或提及的东西。"字面意义"是人们能够在一个表达式所使用的那些词语本身直接告诉或得出的东西。关于"意义"的研究,有各种理论,包括意义的行为论、意义的观念论、意义的心象论、意义的图画论、意义的指称论、意义的真值条件论、意义的用法论、意义的证实论等。[①]由于意义概念涉及语言和实在的关系,意义和心理状态之间的关系等,使得意义概念成为 20 世纪语言哲学、心智哲学、认识论和形而上学中最关键且最难以对付的概念。文本中包含的意义绝非仅仅一种纯粹的字面意义,否则我们就没有解读的必要。甚至"意义"本身也存在不同的解读。意义是文本解读时最感困难的东西,就其多样性和层次而言,是复杂性理解的关键。

关于词义,我国 2001 年修订的《新华词典》"意义"一词的释义是:(1)含义;(2)价值,作用。[②] 这种解释基本上是建立在词义意义基础上的一种解释。词义是潜在的。而尼古拉斯·布宁、余纪元编著的《西方哲学英汉对照辞典》则说"意义"的一般说法为,意义一般是指在一个表达式中所表达、说到或提及的东西。

关于汉语与西语的意义差异,在西语传统中,由于对应汉语"意义"一词有多个可以翻译为意义的词,如英语的 meaning、significance,甚至 sense 在汉语中都可以翻译为意义。而在西语中,特别是在解释学传统中,meaning 本指作品自身具有的含义,不涉及由作品理解延伸出来的意义,即作品原意,而 significance即由解释发挥而来的重要意义。[③] 相比之下,汉语中的意义一词

---

① 尼古拉斯·布宁、余纪元编著:《西方哲学英汉对照辞典》,第 595 页。

② 商务印书馆辞书研究中心修订:《新华词典》,商务印书馆 2001 年版,第 1171 页。

③ 殷鼎:《理解的命运》,生活·读书·新知三联书店 1988 年版,第 56—57 页。

对应多种西语语词,其含义更多义、更广泛。因此,不同语言中的意义也不相同。

是意义理解的歧义,即便就是西语中 meaning 这种意义,奥格登和里查德就列举了三大类 16 种有联系但不同的"意义(meaning)"[①]。

第一类,语言上产生的意义:(1)性质。(2)独特的不可分析的与其他事物的关系。

第二类,偶尔的、不规则用法的意义归类:(3)词典中附加到一个词上的其他词。(4)一个词的内涵。(5)本质。(6)投射到对象上的行为。(7)(a)一个有意的事件;(b)意志。(8)一系统内任何事物的位置。(9)一东西在我们未来体验中的实际地位。(10)由陈述相关的或暗指的理论推论。(11)由任何事物唤起的情感。

第三类,覆盖一般记号和记号的意义:(12)由被选关系把它与一个符号实际联系起来的。(13)(a)一个刺激的记忆效果,后天获得的联想;(b)对任何事件的记忆效果是适当的其他事件;(c)符号被解释为是它;(d)任何使得人想起的,在符号的情况下:记号的使用者实指的。(14)记号的使用者应该指的。(15)记号的使用者认为自己指的。(16)记号的解释者:(a)指的;(b)认为自己在指的;(c)认为使用者在指的。

以上的类既涉及词语本身意义,即语法规则的意义,也涉及语义结构中的意义,甚至还涉及语用语境的意义。以上类别大体上

---

① C. K. Ogden and I. A. Richards, *The Meaning of Meaning : a study of the influence of language upon thought and of the science of symbolism*, Harcourt Brace Jovanovich, New York and London, 1923, pp. 186-187.

还在语义学范围内的意义。

波兰语言学家沙夫在他的《语义学引论》中也从语义学角度列举了不同学者关于各种意义的含义理解。(1)意义是对象,而指号是关于对象的名称。(2)意义是对象的性质。(3)意义是一种理念的对象,或者是一种固有的性质。(4)意义是一种关系:(a)指号与指号之间的关系;(b)指号与对象之间的关系;(c)指号与关于对象的思想之间的关系;(d)指号与人的行动之间的关系;(e)应用指号来互相交际的人们之间的关系。① 沙夫本人在讨论意义与指号之间的关系时,从指号的角度给意义所下的定义为:"意义就是这样一种东西,由于它,一个通常的物质对象,这种对象的一个性质或一个事件就成了一个指号,即是说,意义就是指号情境或交际过程的一个因素。"②

哲学家海德格尔则坚持把对意义的研究转向本体论。他认为,"意义就是世界本身向之展开的东西"③。他还说,"意义是某某东西的可领悟性的栖身之所。在领会着的展开活动中可以加以勾连的东西,我们称之为意义"④。针对文本,则表明文本本身自含意义,这种意义同时又与读者和观者的领悟有关。

利奇也把意义区分为七种类型(表 3-1)⑤。

①　沙夫:《语义学引论》,商务印书馆 1979 年版,第 227 页。

②　同上书,第 215 页。

③　海德格尔:《存在与时间》,生活·读书·新知三联书店 1987 年版,第 175 页。

④　同上书,第 185 页。

⑤　Geoffrey Leech,*Semantics*,Penguin Books Ltd.,New York,1983,pp.18-19.

表 3-1　意义类型的复杂性

	1. 概念意义	关于逻辑、认知或外延内容的意义
联想意义	2. 内涵意义	通过语言所指事物来传递的意义
	3. 风格意义	关于语言运用的社会、时代风格的意义
	4. 情感意义	关于讲话人或作者的情感和态度的意义
	5. 反映意义	通过与同一个语词的另一个意义的联想来传递的意义
	6. 搭配意义	通过经常与另一个词同时出现的词的联想来传递的意义
	7. 主题意义	组织信息的方式(语序、强调手段)所传递的意义

2. 文本内各种意义层次

如果我们从句法、语法角度观察文本,按照语法学家的分析,就可以使用描写一种语言的语法结构时通常所用的方法,将组成文本成分分为五个层次。例如,现代英语语法结构包括五个层次:句子、分句、词组、词、词素。句子和词素分别是最高层和最低层的语法单位。属于低层次的语法单位按一定的规则组合成高一层的单位,从而形成一种等级结构。语法上的意义也因此具有等级结构。

词素只有本义,词素的本义与语境和文本上下文均无关。

词的词义则与维特根斯坦意义的观点联系起来了,即意义与语词的用法有关,"一个语词的意义就是它在语言中的用法"①。但是,这种关联是一种程度由弱到强的变化的关联,随着词向词组、词组向分句、分句向句子的过渡,这种关联会越来越强。从信息论角度看,词素的单个意义是确定的、死寂的、抽象的;每一个单

---

① 维特根斯坦:《哲学研究》,生活·读书·新知三联书店 1992 年版,第 31 页。

义互相独立无关,意义的生命靠用法活起来;词和词组的意义具有多义性,集中几种多义性意义,则变得意义完全不能确定;随着词和词组在文本中向分句和句子过渡,这种意义的不确定性一点点被消除,意义变得较先前更确定下来。这就是通过上下文的关联作用,使单个的多义性得到限制,形成一种一致的意义。可见,我们关于文本中意义的表达,实际上是通过语法、语序和语义规则,把一种语境下复杂的词义多样性进行限制的工具和手段,语义复杂性研究是寻找语义规则从而理解语境中的文本意义,减少语义理解的混乱。从这个角度看,使用各种规则,特别是使用语义规则多,且各种规则之间存在交互作用(如变形、转换、多层次使用等)的文本就比相对使用语义规则少,且规则之间相互作用少的文本更复杂。这种复杂的文本在计算复杂性的角度看,其文本符号序列的长度也更长,因而更复杂。

看下面的例子。

词:东,西(每一个词不止有一个特定意义。例如,东:表示方向,表示主人,是词本身的词素意义,有多个词义)。

词组:东西(汉语辞典中没有该词组,"东西"倒是与英语 thing词义相近,表示事物或事情。虽然是一个意义,但是所指非常广泛,而其信息熵在未确定之前,几乎为无穷大)。

分句或句子:他不是东西(该人很坏,但不知因为什么坏,意义已经比前有所确定)。

在文本上下文中:他不是东西,害朋友不说,还害自己养父母(意义明确,知道他在什么方面具有坏品质,做了什么坏事)。

可见,当词变化组合为词组时,意义已经发生改变;组合成为句子时,意义显现出来。句子组成较大文本时,意义变得更为具体。

3.文本内外的意义

如果把利奇的关于意义的类型分类用于解读文本,其中,概念意义和内涵意义是语词本身的逻辑和内容意义,是文本内主要要素的单个意义;反映意义和搭配意义都涉及文本中词、词组之间相互关系产生的意义(通过上下文了解、限制了多义性,它同样是解读文本者消解文本解读混乱的一种方法),是文本内的局部意义;主题意义是通过文本内语词、词组和句子的组织传达文本整体的主要意义,超越了句子意义的文本意义。而情感意义涉及两种情况:第一,表达情感和态度的语词(实词、虚词)及标点符号;第二,文本背后涉及的作者的态度和情感。前一种它可以在文本内得到解读,后一种需要文本整体的解读帮助;因此也可以算为半文本外的跨界限意义;风格意义涉及语词背后当时的社会语言使用状况,是一种语用的背景意义(它是解读文本者消解文本解读混乱、了解和规范文本的一种背景性规则工具),它已经超越了文本的半文本外意义,是一种跨界限意义(即风格通过文本表现,但由社会、时代所部分决定,解读者也必须还原当时的社会、时代风格)。从逻辑上看,后面的风格意义是语用学的范畴。而从复杂性角度看,它则是超越了文本本身联系文本与作者、文本与世界的一个环节或者一个纽带。

4.语义和语境意义

此外,从意义是语义的意义还是语境的意义,还可以对意义做出区别。一种是按照一定的语言规则,通过语言符号来表达的独立于语境之外的句子本身的意义;另一种是通过在特定条件下,使用一个句子所表达的取决于语境的话语意义。前者来自语言本身的属性,是语义学的研究对象;后者的理解以前者为基础,但有赖于语境,是语用学的研究对象。后者在科学哲学看来,已经进入了实践领域。

而联系语境的意义,则必须了解语境与语言意义和知识的关联。在这个问题上,目前在语言学领域,学者通常还没有注意到实践的作用,而只是就语境来谈语境问题。何兆熊在英国语言学家里昂(Lyons)以知识去解释语境的基础上归纳了各种语境因素,做了一个大致分类:[①]

语境:
- 语言知识(1) 对所使用语言的掌握
  - (2) 对语言上下文的了解
- 语言外知识:(1) 背景知识(常识,特定文化的社会规范,会话写作规则)
  - (2) 情景知识(写作文本的时间、地点,主题,正式程度,写作参与者的相互关系)
  - (3) 相互知识

5. 意义复杂性的各种代表性观点

关于文本意义的观点有若干种具有代表性的观点。

第一,文本的意义存在于作者的主观意图中,读者阅读文本就是寻找作者的意图。

[①] 何兆熊:《语用学概要》,上海外语教育出版社 1988 年版。

第二,文本自身具有恒定意义的观点,文本一旦完成,其意义就已经确定,该意义并不依赖作者的意图,文本意义具有波普尔第三世界的自组织的特性。

第三,文本意义是文本提供的客观意义和读者所赋予的主观意义的综合观点。现代诠释学提出"视界融合"的阅读观和方法论,它承认意义的历史性,提出阅读的双向建构思想,认为作品与意义的人文关涉内在隐含了读者与历史的人文关涉,阅读是当下与历史的对话,是文本的历史视界与阅读视界、不同读者的阅读视界间的对话。

第四,文本不具备客观意义,意义不是来自文本,而是来自读者自身。解构主义哲学持这种观点。文本具有开放性,文本的意义是演化的。其中,最典型的观点是意义没有确定性,它只是在无休止地漂浮。

这几种观点都曾相互争论得死去活来,谁都认为自己正确,是解读文本的唯一正确的观点。表面上看,它们似乎有着不可调和的矛盾,但是如果能够暂时撇开它们中间那些不可调和的对立观点,我认为,按照一种过程演化的复杂性观点看,它们中的许多观点是可以融合起来的,至少其对立的尖锐性是可以降低的(关于这几种观点的争论和意义,我已另文讨论了)。例如,如果把作者的意图作为文本形成中的先在意义,把文本形成后自主地存在于文本的意义作为中间的意义,把读者阅读文本对文本的解读形成的意义作为文本后的意义,则意义存在一种演化,可以在文本客观意义和文本阅读演化的主体间性意义之间形成一种张力。可以把这四种文本复杂性的观点做一种过程演化的复杂性融合(图3-3)。

当我们把文本视为演化过程时

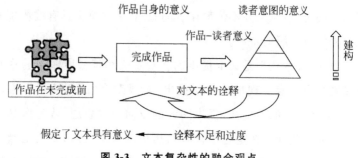

图 3-3　文本复杂性的融合观点

意义复杂性的来源于哪里呢？

话语或文字的意义之所以复杂，在于话语和文字背后隐藏着超语言信息，它包含语境信息、语义问题，如词汇有多种含义、隐喻（传统仅认为隐喻具有修辞学意义，现代认为就是言语基本性质，对感知和理解事物有重大影响）、社会学意义的文化习俗、心理行为意义、文学、历史典故、社会变迁影响等。超语言信息所带来的意义复杂性，与认识主体密不可分，而主体不再能够化为一般性主体。因为每一个主体的实践及其实践的环境都是地方性的，都具有一定的独特性。正是这点使认识的主体复杂性与计算复杂性有了本质性的区别。计算机的使用资源（空间或时间的）代价性复杂性由于代表了整个人类的最高计算机科学水平，因而是一种通用复杂性，而认识的复杂性则是具有个性的复杂性，这种复杂性是与主体间性有关的复杂性。既然已经存在各民族之间的交往和沟通，就必定存在主体间性。对分析哲学来讲，主体间性是两个或两个以上心灵之间的彼此可进入性。[①] 正因为如此，认识才有共同

---

① 尼古拉斯·布宁、余纪元编著：《西方哲学英汉对照辞典》，第518—519页。

部分和歧义部分,才呈现出如此丰富多彩的特征。当文本不是面对某一特定的接受者而是面对一个读者群时,作者会明白,其文本的诠释标准将不是他或她本人的意图,而是相互作用的许多标准的复杂综合体,包括读者及读者掌握(作为社会宝库的)语言的能力。[①] 因此,事物的意义才不仅依赖于被表达的语言(编码)、传输的媒介和信息,而且也依赖于上下语境关系。简言之,意义与传播的全部过程有关,它并不是只居住在其中一个部分或另一个部分之中。

无论是作为一种结果的认识复杂性,还是作为一种认知过程的认识复杂性,都不能被简单地看作这些系统孤立隔离的性质。无论哪种复杂性都更应该视为系统和它的交互作用的其他系统,包括观察者、控制者以及它们所处的复杂环境的一种联合的性质。

三、认识复杂性研究的问题

以上我们讨论了从信息论和计算机科学理论出发的认识复杂性问题,也讨论了涉及主体间性的认识复杂性问题。

这是两条不同的认识进路:信息论或计算机科学的进路,描述了可编码知识的复杂性研究,以认识对象难度的认识代价作为认识复杂性,概括了一般认识复杂性的基本特征,是非常有意义的研究,这种研究是自然科学和工程技术领域主流科学家的研究主流。我们应该尽可能地从主流科学家那里寻求这种计算机科学关于复

---

① 艾柯等:《诠释与过度诠释》,第 82 页。

杂性研究的成果意义，从中抽象复杂性的哲学含义，并且把这种对自然科学的哲学问题作为科学哲学的研究主流，而不要仅仅玄而又玄地探讨科学实在、说明、解释等问题，因为这些问题的解释仍然需要等待包括复杂性科学研究的进步。

此外，通过人文学科、社会科学对认识复杂性多面的揭示，我们看到认识复杂性与认识主体的密不可分性的一面。与主体间性相关的认识复杂性研究，一方面得益于主体间性的揭示，另一方面得益于文论和各种哲学思潮的关于文本和意义的研究。这种研究恰恰弥补了一般计算机科学或信息论意义上的认识复杂性的研究不足，即没有注意到关涉主体方面所带来的认识复杂性问题。这种矛盾，就目前研究的状况看，还不可能一下得到解决。但是矛盾的揭示，则预示着我们进一步的研究方向，如何在这两类研究中进行协调，构造一种可以把主体间性的认识复杂性的种种情况考虑在内的认识复杂性模型，恐怕是复杂性哲学下一步研究的重要方向。

下面我们举例说明认识复杂性研究的可能进路。

人们常说人的行为是最复杂的，在许多社会科学家特别是中国社会科学家看来，人的行为几乎是不可分析的。因此，就人际行为而言，人们只能说说而已，感叹其复杂而无法下嘴去咬出什么东西来。然而，语境分析这种关于行为互动模式复杂性的研究虽然没有标识自己是复杂性的分析方法，但以科学观察与多学科方法结合的方式对在小范围内人的行为互动进行了系统和深刻的复杂性研究。这种研究值得我们学习。语境分析使一些被认识的对象从无法分析变成可分析的对象，从无法建构文本的境况中变成可建构起文本的初步对象。①

　　研究人际行为的语境分析源于人际精神病学。人际精神病学研究本身源于 20 世纪 20 年代,不是像传统精神病学那样把精神错乱看成一种个人状态,而是把它放置在人际关系格局的关系中,进行微观的研究,这事实上是更具复杂性的观点。

　　20 世纪 40 年代,信息论和控制论的概念发展,博物学方法与电影摄影技术的发展和综合运用,记录和描写数据时的结构语言学方法和概念的使用,使人际行为研究更加深化了,原来那些复杂的隐晦不明的东西显现出来了。此外,生态学的方法也具有启发意义地加入到人际互动的场景研究中。

　　图 3-4 是利用摄影技术拍摄下来的长段谈话,然后利用博物学和结构语言学方法转写的一个记载片段。在这里,一个看似无结构的、无法分析的场景已经被按照一定方式编码了。利用多学科交叉的方法,肯顿他们发现了一些人际互动的有意义的模式。这些模式涉及:注视与不注视在时间上的比例、注视方向与话语的发生有关。他们发现注视方向有监控功能、调节和表达功能,这样对在人际互动中的对视以及注视的意义的解释就建立在科学观察与综合分析的基础上了。

　　肯顿的分析尽管还不是分析语言的,但是通过图示和结构语言学的方法已经比以前对人际互动的黑箱情况有了很好的揭示和解释。这难道不是对复杂性行为研究的新进展吗? 我们在这里不

---

　　①　亚当·肯顿:《行为互动:小范围相遇中的行为模式》,张凯译,社会科学文献出版社 2001 年版。

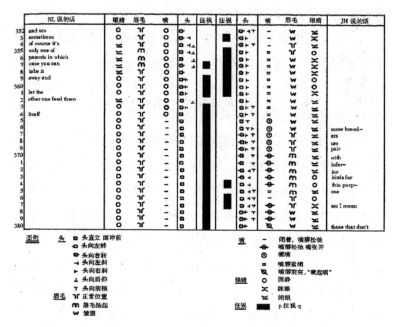

图 3-4　长段话语影片转写的片断

是表白什么,而是希望我国的复杂性研究者通过这种案例和具体研究类比地进行类似研究,要知难而进,不要停留在空洞的议论层次,要学习精密科学的方法和细致性,不要还没有做就开始说不行。

第四章 复杂性的方法论研究

对于科学家而言,研究复杂性的根本目的是要为认识自然界中的各种复杂现象提供统一的方法和工具。复杂性科学研究的方法,从科学哲学的角度看,很赋有启发意义。我们看到,复杂性科学研究是一种新兴的研究,因此它也采取了许多与原有科学研究方法不同的且很具有新奇意义的一些方法。

一、复杂性研究的方法论意蕴

在讨论具体方法并且建基于哲学方法而讨论它们的哲学意蕴之前,我们先要对复杂性方法论的本质进行一些试探性的讨论。我们知道,不仅从事复杂性研究的科学家,而且还有关注复杂性研究的学者和政客,都隐含在心中的又很愿意问出的一个问题就是,复杂性方法究竟与传统自然科学或者经典自然科学、工程技术领域的那些方法有什么区别?换句话说,复杂性研究方法和方法论有何独到之处,值得人们去关注、理解和进行说明?

首先,复杂性科学研究并没有遗弃传统科学方法,一切自然科学和工程技术领域现在还在使用的方法,在其适用的领域,复杂性科学研究没有对它们说"不"。复杂性科学不是对传统或者经典科学的完全割裂。复杂性科学是以往科学的一种自然延伸,因此,复杂性研究的方法也与传统科学方法有自然延伸的渊源关系。譬如,对于模拟方法和模型方法,传统科学在使用,复杂性研究也在使用。复杂性研究的方法论是多学科交叉的、互渗的、混成的方法论。

其次,复杂性研究之所以出现,就是因为传统科学在新的研究对象和领域——复杂性对象和领域——遇到了不可逾越的困难。传统或者经典科学的方法对此无能为力。仍然比如模拟和模型方法,尽管传统或者经典科学和复杂性研究都在使用,但是侧重点、内容和方式都已经不同了。

最后,复杂性科学研究也启用了一些古老的方法,比如隐喻。隐喻被认为是只有在非自然科学领域才能使用的叙事方法。但是复杂性科学研究激活了"隐喻"方法,使这个古老的方法在复杂性研究中发挥着非常重要的作用。

下面我们讨论我所认为的复杂性科学研究的本质特性。

第一,复杂性科学研究方法本质上是一种行动的实践方法,是建基于实践优位科学观的方法。其中,浸透了实践的元素,它重视操作,注重大量实践性实例;通过实例总结和抽象,建立动力学模型;在建立范例的过程中,它首先注重行动,注重实践与外在实在对象的对应,而后才进行比较、类比和抽象。因此,它最重要或者最本质的方法论特性就是实践、行动优位(图 4-1)。

第二,测度问题、形式化和测度方法是复杂性研究的最为直接

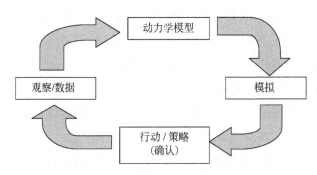

图 4-1 复杂性研究的一般研究循环圈①

的方法。研究复杂性问题,科学家首先关心的问题是有没有合适的语言,能够描述复杂性的问题。如果能够找到某种形式语言,通过对符号序列的集合进行归类和研究,就能够提供研究复杂性的基本方法。一个复杂的事物是否可以被形式化,是复杂性研究的首要评估事务。凡是可以形式化的事物,都能够找到它的算法,都可以进行复杂性测度的描述。测度方法把理论与实践结合得如此完美,形成了复杂性研究的一道独特风景线。

复杂性科学研究就是要研究如何测度复杂性。比如,两个事物相比,哪个更复杂一些?复杂性研究应首先需要知道这些。另外,按照康德的理论,即便我们承认存在一个独立于我们的外在世界,我们如何测度这个世界及其各个部分呢?我们如何得知这个"自在之物"是如何存在呢?按照普里戈金,我们如何测度外在世界的复杂性演化呢?

① Ted Fuller and Paul Moran, Moving Beyond Metaphor, *Emergence*, Vol. 2, No. 1,2000:50-71.

第三，隐喻方法是复杂性研究经常使用的叙事方法，由此更进一步模糊了所谓科学与其他叙事研究的差异。复杂性问题的研究是跨学科的研究，是从已知过渡到未知的研究，我们如果进入一个几乎是全新的领域进行研究呢？很明显，最好的方法之一就是采取隐喻的方法，借助形象、比喻和已有概念所指称的对象进行转译、类比，以达到从已知走向未知的目标。

第四，复杂性研究是一种先行动后理解的行动方法和实践方法。作为一种未知的、尚不成熟的科学研究，必须先从局部和个别现象、问题或者事物开始进行研究。在这种境况下，我们尚未取得对事物整体的正确和完整认识，我们如何开始？我们只能行动，然后理解，在行动中加以理解。

最后，复杂性概念的多样性也给予我们一些重要的方法论启示。我们在本章中要重点讨论这些方法及其方法论意义。

二、测度复杂性程度、掌控复杂性的方法

我们在前面已经介绍过科尔莫哥洛夫复杂性概念，事实上，这个复杂性概念也是一种测度复杂性概念。关于复杂性的测度，我们也在介绍和讨论复杂性概念时涉及许多复杂性测度问题。读者可以参考第一章。本节我们只通过介绍以科尔莫哥洛夫复杂性概念为基础的兰帕尔–齐夫复杂性概念（A. Lempel, J. Ziv Complexity）的操作方法表明测度复杂性的方法。

为了使得复杂性测度描述清晰可见，我们这里再把科尔莫哥洛夫复杂性概念表述一次，其一般数学形式为：

$$K_S(x) = \min\{\,|\,p\,|:S(p)=n(x)\}$$

$$K_S(x) = \infty \qquad \text{如果不存在 } p$$

其涵义为:对每一个 D 域中的对象 x,我们称最小程序 p 的长度|p|就是运用指定方法 S 产生的关于对象 x 的科尔莫哥洛夫复杂性。对计算机 S 而言,设给定的符号串为 x,将产生 x 的程序记为 p。对一个计算机来说,p 是输入,x 是输出。粗略地说,关于一个符号串 x 的科尔莫哥洛夫复杂性,就是产生 x 的最短程序 p 的长度。

把科尔莫哥洛夫复杂性概念应用于复杂性测度时,实际上是比较两个事物的复杂性大小。首先,要对两个事物的科尔莫哥洛夫复杂性进行计算,分别得到两个科尔莫哥洛夫复杂性测度。然后比较这两个测度的大小,其中大的,就表示具有大的科尔莫哥洛夫复杂性测度的事物的复杂性程度高。

然而,由于科尔莫哥洛夫复杂性概念虽然是一种原则上可以测度的复杂性概念,但是它实际上不可计算。因此,在实际操作中存在一定的不方便之处,人们于是针对各种复杂性现象的测度构造了某些更简单的复杂性测度概念。比如,兰帕尔-齐夫复杂性概念就是相对容易计算的复杂性测度概念。[①]

兰帕尔-齐夫复杂性概念是可操作的复杂性概念,按照谢惠民教授的介绍,这种复杂性概念采用了只有两种简单操作(第一种操作是复制,即用序列的某个前缀中的子串生成更长的前缀;第

---

①　A. Lempel, J. Ziv, On the Complexity of Finite Sequences, *IEEE Trans. IT*, Vol. 22, 1976:75.

二种操作是对已生成的前缀添加一个符号）的计算模型来描述一个给定序列,并且将所需的某种操作次数作为序列的复杂性度量。[1]

让我们通过简单的例子叙述这种复杂性的测度方法。[2]

例一,序列为全 0 串 0000……

从空串 s 出发用添加操作生成第一个符号 0・,在这以后只需用复制方法即可。将这个过程记为

$$0000…… \rightarrow 0・000……$$

这里右方出现的"・"代表第二种操作的使用。按照兰帕尔-齐夫复杂性概念,重复使用复制操作时不用"・"分开。最后,将由记号"・"分成的子串个数定义为该符号串的复杂性度量。这个例子中,只要 0 串的长度大于 1,复杂性 c 都是 2。

例二,101010……

先从 s 开始添加 1,然后添加符号 0・,在这以后只要用复制的方法就够了。这样就得到

$$101010…… \rightarrow 1・0・1010……$$

复杂性 c＝3。

例三,0001101001000101。

如上,分析的最后结果为

$$0001101001000101 \rightarrow 0・001・10・100・1000・101$$

兰帕尔-齐夫复杂性的一般分析步骤如下:

---

① 　谢惠民:《复杂性与动力系统》,上海科技教育出版社 1994 年版,第 205 页。

② 　例子全部引自上书,第 205—206 页。

设序列为

$$s_1 s_2 \cdots\cdots s_n ,$$

从 s 出发,开始添加 s_1,现考虑中间步骤,设已生成前缀 $s_1 s_2 \cdots\cdots$ s_{r-1},r<n,并且下一个符号 s_r 是用添加操作完成的,记为

$$s_1 s_2 \cdots\cdots s_n \rightarrow s_1 \cdot s_2 \cdots\cdots s_{r-1} \cdot s_r \cdot s_{r+1} \cdots\cdots$$

可以看出,兰帕尔-齐夫复杂性实际上是由操作中的记号"·"个数加以度量的,因为"·"的个数反映了添加操作的次数。如果符号串在上述分析结束时以"·"结束,则这个记号"·"的个数就等于符号串的复杂性,否则,将个数加一即得到该符号串的复杂性大小。[1]

兰帕尔-齐夫复杂性概念可以运用于单峰映射与一维元胞自动机,有人不仅证明了这点而且取得了很有意义的结果。[2] 由于兰帕尔-齐夫复杂性的计算量很小,可以计算多次迭代后的构形所具有的复杂性,这表明兰帕尔-齐夫复杂性概念和方法有很大的操作优点。

从兰帕尔-齐夫复杂性的操作方法看,在科学方法论和科学哲学上有两个重要的启示。

第一,在操作过程的实践中,兰帕尔-齐夫复杂性概念重视的是不同的操作次数,重复的劳动即复制是不能计算到复杂性的度量之中的。这具有重要的意义。多样性通过不同类型操作在这里得到了很好的体现。新奇性也得到了表征。它表明,对于复杂性

---

① 谢惠民:《复杂性与动力系统》,第 205—206 页。

② 同上书,第 211 页。

最为重要的不是数量而是不同的类型。这再次说明，人们对于复杂性的根本在于事物多样性的直觉认识是正确的。兰帕尔-齐夫复杂性而且通过把类的性质的不同，转化为类的个数的不同，使性质的研究转化为量的研究，从而使得复杂性成为可以编码研究的对象。这个意义在方法论上是重大的。它告诉我们，在方法论上要想方设法把事物的属性转化为可以用量表达的东西或者符号，我们就能够对它进行科学研究了。

第二，它可以归并为操作复杂性类，对象的复杂性是通过认知主体形式化对象后进行的操作步骤来测度的，所以它是通过认知主体所付出的代价来测度复杂性的。然而，这又不依赖于认知主体本身，而是对象的境况本身与操作本身共同决定的。这样我们实际上是通过一种计算的实践来涉身地在认知世界过程中获得对象世界的信息的。当然这对于符号串而言是建立在有算法的基础上的，但是，我们认为这种操作也可以适度地推广到其他复杂性测度上。譬如，我们可以简单地使用我们对一个复杂的认知对象进行了多少次的操作来度量认知对象的复杂性，不同类型操作次数的多少代表了认识或者变革了对象，那么越复杂的对象，我们的不同类的操作次数应该也越多。用科学实践哲学的观点看，它充分体现了即便在理论层面，我们也离不开操作实践，尽管操作可以符号化，但其本性是实践的，是通过认知主体的建构获得外部世界的信息的。如同当年爱因斯坦对时间概念进行操作性变革时一样，尽管在当代世界，由于计算机科学的发展，使人们的计算实践已经充分机械化、程序化，但是计算的操作却没有丧失掉实践的本性。

三、建基于实验或者历史案例的
实践隐喻方法

我们在第一章关于复杂性概念的讨论中,涉及一些基本的复杂性隐喻概念,但是那里没有对这些隐喻概念做详细的说明和解释。我们在第二章关于复杂实在的属性讨论中对涉及的一些关于复杂性的隐喻概念,如路径依赖、对初值的极端敏感性、模拟退火等,做了比较详细的说明和解释。现在,我们要转换角度,从方法论的角度对这些隐喻概念中的若干概念在复杂性研究中所起到的方法作用和方法论意义做出一定的说明。本节我们只对适切景观和路径依赖两个概念做出解释。

让我们先来讨论"适切景观"这个隐喻性复杂性概念的方法和方法论意义。

在《牛津科学词典》中,适切性(fitness)是指某种生物体能够很好地适应它的环境条件,它可以被再生产它本身的能力加以测度,是进化术语。[①] 而景观(landscape)一词,有人认为,它首先具有的是美学的意义。有人认为"景观"一词最早出现在希伯来文的《圣经》(旧约全书)中,用于描写耶路撒冷所罗门国王城堡、宫殿、教堂和花草的美丽景色。[②] 也有人认为,"景观"一词兴起于自然

---

① 〔英〕艾萨克编:《牛津科学词典》,上海外语教育出版社 2000 年版,第 282 页。
② 丁圣彦主编:《生态学——面向人类生存环境的科学价值观》,科学出版社 2004 年版,第 190 页。

主义艺术的自然风光绘画。Landscape 首次记载于 1598 年,它是在 16 世纪作为一个绘画术语从荷兰传来的,当时荷兰艺术家正在成为自然风景绘画的大师。荷兰语中 landscape 这个词早期仅仅意味着"地区、一片地",但它后来传入英国时已经有了艺术上"描绘陆上风景的绘画"的含义。有趣的是,从 landscape 这个词第一次见于英语文字到这个词表示自然景色的风光,经历了 34 年。这一时间上的延迟暗示了人们首先是在绘画时接触自然,然后才是在现实生活中欣赏风景。①

在地理学中,景观是一种结合了土地、植被在内的空间概念。景观生态学专家邬建国教授指出,景观的定义有多种表述,但大都是反映内陆地形、地貌或景色的(诸如草原、森林、山脉、湖泊等),或是反映某一地理区域的综合地形特征。在生态学上,景观的定义可概括为狭义和广义两种。狭义景观是指在几十千米至几百千米范围内,由不同类型生态系统所组成的、具有重复性格局的异质性地理单元。广义景观则包括出现在从微观到宏观的不同尺度上具有异质性或缀块性的空间单元。②

把生物对环境的适应性与景观联系在一起,就形成了适应性景观。这个概念反映了生物对环境的被动性适应。从"适应性环境"到"适应性景观"再到"适切景观",反映了生态学学者认识的进化,即生物对环境的适应并不是被动的,生物与生物的竞争和合

---

① 金山词霸 2006 版"美国传统词典"关于"landscape"的词条解释。
② 邬建国:《景观生态学——格局、过程、尺度与等级》,高等教育出版社 2000 年版,第 2 页。

作、生物与环境的共同进化构成了主动性的"适切景观"。

　　适切性景观也是演化生物学中形象化地描述基因型(显型)和后代繁殖之间关系的一个概念，它假定每个基因型具有明确界定的繁殖速率(即适切性)。所有可能的基因型和它们相应的适切性值就叫适切性景观。通过适切性值的分布景观，可以形象化地研究生物物种的演化路径。物种繁殖速率的大小决定物种的适切性值，相当于自然界地理景观中的山脉、平原或河流峡谷，可以通过其物种的概率分布描绘出它的示意图(图 4-2)。当一个物种的繁殖速率较高，表明该物种往山峰方向发展；而一个物种的繁殖速率较低，则表明该物种往谷底方向移动；如果物种的繁殖速率保持不变，则表明该物种位于平原地带。适切性景观的概念除了应用于演化生物学外，在诸如遗传算法、演化策略之类的演化最优化方法中也得到了广泛采用。在演化优化计算中，人们通过模仿生物演化的动力学来解决工程或物流之类的实际问题。

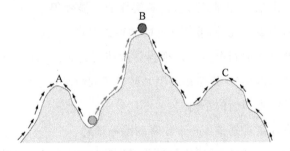

图 4-2　适切景观的一个生物种寻找适切性 [①]

---

①　http://www.wikipedia.org/wiki/Fitness_landscape.

正如前文所指出的那样,适切景观概念是来自演化生物学、生态学、景观生态学等学科,是应用于复杂性研究的一种隐喻性概念。它主要有两个涵义。一个是指事物的演化追求局部的最佳适应性或者整体的最佳适应性;另一个涵义是指事物与环境共同演化、共同型塑、创造和改进演化策略。就后一种涵义而言,事物与它所处的世界通过互动都发生改变,表明了演化是事物与环境共同作用的结果,而不是单方面适应的结果。

适切景观概念对于说明和解释多种生物共同进化以及生物与环境共同进化很有意义。其解释力很强,很好地说明了生物间和环境之间的共同进化问题。

例如,美国生物复杂性和生态复杂性研究专家、普林斯顿大学教授列文指出,适切景观的隐喻可帮助我们形象化自然进化中的许多基本特征。如图 4-3 所示,生物抵达顶峰的过程是一个循序渐进而稳定的爬山过程。可能有些峰比较低,它们是从非常小的区域牵引出来的;因此,到达这样狭峰的可能性很小,因为通往它们的道路很少。此外,坡栖在低峰的种群对侵入是脆弱的;通过移入或突变导致的新类型注入很容易就使得这种脆弱的平衡失调,引入新的基因型(个别基因类型),坐落于间隔较远之山的斜坡上,从而把种群弹向新的平衡。[1]

适应性景观提供了一个丰富的隐喻理解。

例如,关于物种的适应与进化,圣菲研究所的考夫曼教授就提

---

[1]　Simon Levin, *Fragile Dominion*, *Complexity and the Commons*, p. 123.

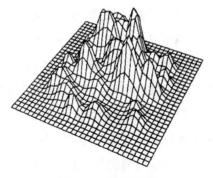

图 4-3　适切景观①

出一个 N-K 景观模型(N-K landscape model)来加以说明。②
假设某一物种有 N 个基因,物种的适切性既取决于这 N 个基因,
又取决于每个基因平均与其他 K 个基因的关联。考夫曼发现,若
K 值很小,系统处于高度有序状态,只存在一个全局最优点;若 K
值稍大,N-K 景观就变得十分复杂,有许多局部突起的尖峰,生
物很容易陷入局部最优点上。复杂系统处在混沌的边缘,能摆脱
局部最优点,从而跳跃到全局最优点。若 K 值过大,系统处于混
沌状态,N-K 景观上有无数突起的尖峰,无论采用何种方法,系
统也无法达到全局最优点。考夫曼根据 N-K 景观模型,对达尔
文的渐变进化论提出了疑问。因为自然界中物种的基因之间的确
存在不少关联,即生物性状往往是由多个基因控制的。渐变只能
使物种陷在局部最优点上,无法到达全局最优点上。如果将多物

————————

　　① Simon Levin, *Fragile Dominion, Complexity and the Commons*, Perseus
Publisher, Cambridge, Massachusetts, 2000, p. 122.
　　② 〔美〕斯图亚特·考夫曼:《宇宙为家》,李绍明、徐彬译,湖南科学技术出版社
2003 年版,第 8 章。

种的 N-K 模型耦合在一起,这时物种的适合度还要取决于其他物种的适合度。如果生态系统中一个物种的适合度发生变化,将会影响到其他物种适合度的变化,这些变化反过来又会影响到这个物种的适合度。每个物种都希望将自己的适切性从低谷提高到顶峰,同时又引起其他物种的适切性发生变化,有的升高,有的降低。就好像许多人走在一个橡胶气垫上一样,一举一动都会影响其他人的升降。另一个常举的例子是蛙-蝇效应(frog-fly effect),如果青蛙的舌头变得很黏,利于捕食苍蝇,这时青蛙的适切性升高了,而苍蝇的适切性就要下降。苍蝇就不得不进化出新的防御办法。设想如果苍蝇进化出具有光滑的体表,苍蝇的适切性升高了,而青蛙的适切性下降了。青蛙为了生存,又必须进化出能捕捉光滑体表的苍蝇。这样捕食者和被捕食之间展开了你追我赶的"军备竞赛"。也就是说,你要保持目前的地位,就须一刻不停地努力向上。生态系统中各物种之间就是这种"军备竞赛"式的关系,其适切景观不断地扭曲变动着。

适切景观的概念较好地通过隐喻解释了事物与环境如何共同从简单走向复杂的问题。然而,适切景观的发生也需要得到说明。列文指出,在一个资源有限的世界,是竞争塑造了适切景观。[①]

列文指出,任何环境,不论是森林还是草地或是湖泊,都是有着不同的物理性质和化学性质的微环境的镶嵌体。生物体可能在原则上适应于几乎任何微环境,有一些生物体天生就比其他的多产一些,能开发出更富饶的土壤。问题是,当存在更舒服的环境

---

① 　Simon Levin, *Fragile Dominion*, *Complexity and the Commons*, pp. 129-130.

时,何苦还要去适应那些不够舒服的环境呢？如果以一个商人为例的话,答案是明显的,也是熟悉的,那就是对任何一个心智健全的商人而言,他之所以在偏远地方而不在人口最多的地方开商店,就是因为存在竞争。①

列文认为,如果假定其他条件都一样,那么核心的问题就是,人口密集的地方可以潜在地为获得收益提供更多产的资源,但是,如果有大量的竞争者分享这份收益,总的收益并不如所料想得那么可观。想象一个城市里没有商店,则最初坐落于人口最密集居住地的商店的适切性是最高的;然而,反过来,在同样的位置扩展同样的商店,会减少所获得的边际适切性,或者说新商店可获得的适切性减少了。相比之下,偏远地区开始看上去更吸引人。重新审视一个适切性景观,它有点像一个巨大的、柔软的水床,人们在其上散步并试图爬上某些局部顶峰。然而朝向更高地面方向上的每一步都把该高地面转换为低地面,同时释放开其后面的点,允许它们到达新的高度(这个类比显然不是一个公认的流体动力学的完善类比)。同理,对特定的微环境的适应性会减少这些与其他微环境相关联的微环境的内在吸引力,也会减少对开发先前所忽略资源的直接注意力。对自然群落的进化而言,这个原则是基本的,而且是产生和维持多样性的主要力量。适应性景观虽然总是处于变化之中,但这种变化定居在它能完全接受的范围,它必定由或多或少等高的并被谷所分割的山峰或山脊组成。如果这不是真的话,那些处在更高峰的物种就会扩展自己以取代其他的物种,从而

① Simon Levin,*Fragile Dominion*,*Complexity and the Commons*,pp. 129-130.

破坏任何的平衡外观。由于,比如,气候的变化或火山复活的缘故,新的和未开发的环境有时候就会出现。于是,竞争被临时抑制,种群因而得以增长。这些与新栖息地相关的机遇,在景观上创造出新的以及更高的标杆;由于进化的力量,这些标杆很容易就被进化动力发现并被开发,然而,当然,除非它们也变得饱和了,于是适应性高度再一次达到了平衡。[①] 正如弗兰克斯·雅各布(François Jacob)所强调的那样,进化变异在历史事件中具有高度的偶然性,而这影响着在可能到达的顶峰中做出选择的多样性。[②]

　　生物圈永远都不会真正停止,所以由处于平衡中的物种所居住的适应性景观的观点需要更改。对达尔文来说,适应性"是变化着的过程而不是最后的最优化状态"[③];那就是说,永久的适应性并不必然地转变为最优化。适切景观会经常处于演化之中,是因为外在的和内在的因素以及频率依赖,还有共同进化在这个过程中扮演了根本的角色。

　　由于在"适切景观"概念下有一大堆观察和实验的案例以及一系列理论说明作为支持,并且具有形象的含义,因此适切景观概念运用于复杂性研究时,便具有了很强的隐喻的类比和思想支撑。

　　下面我们讨论"路径依赖"这个隐喻概念背后的案例和理论支持境况。前文指出,路径依赖概念属于演化复杂性概念范畴。路

---

①　Simon Levin, *Fragile Dominion, Complexity and the Commons*, pp. 130-131.

②　Francois Jacob, Evolution and Tinkering, *Science*, 1977, 196: 1661-1166.

③　Richard C. Lewontin, Adaptation, *Enciclopedia Einaudi Turin*, Vol. 1, 1977: 198-214.

径依赖概念把历史因素引入演化研究。并且使得这个隐喻具有充分的案例支持和大量各个学科研究，而不具有任何的神秘性。

最早的路径依赖概念产生于生物学理论分析。生物学家在研究物种进化分叉和物种进化等级次序时发现：物种进化一方面决定于基因的随机突变和外部环境，另一方面还决定于基因本身存在的等级序列控制机制。因此，物种进化时，偶然性随机因素启动基因等级序列控制机制，使物种进化产生各种各样的路径，并且这些路径互不重合、互不干扰。生物学家瓦丁顿（Conard Waddington）和古尔德（Gould）先后各自独立使用了"路径依赖"概念。

路径依赖概念其实很早就存在于物理学中。热力学第二定律所涉及的现象，时间箭头都与路径依赖密切相关。物理学中存在的"遍历理论"的反面，就是路径在相空间中的非遍历性，也即路径依赖。

路径依赖的思想也很早就出现在一些思想家的思想中。事实上，马克思和恩格斯早在一百多年前就人们创造历史的意义就表达过类似的思想。马克思和恩格斯说，人们不是凭空创造历史，而是在已有的历史基础上进行创造。现在看来，这是非常明确的历史路径依赖的思想。

"路径依赖"的科学概念产生后，回过头看，路径依赖思想其实也早就存在于世界各国的思想中。在中国，早就有这样的成语："差之毫厘，谬以千里"，强烈地表现了路径依赖的思想观念。在国外也有涵义几乎相同的民谣[①]：

---

① J. Gleick：*Chaos*，*making a new science*，New York，Viking Penguin Inc.，1987，p. 23. 汉译采用了张淑誉译文见：〔美〕詹姆斯·格莱克：《混沌：开创新科学》，张淑誉译，上海译文出版社1990年版，第24—25页。

英文	汉译：
——For want of a nail,the shoe was lost;	钉子缺,蹄铁卸;
——For want of a shoe,the horse was lost;	蹄铁卸,战马蹶;
——For want of a horse,the rider was lost;	战马蹶,骑士绝;
——For want of a rider,the battle was lost;	骑士绝,战事折;
——For want of a battle,the kingdom was lost!	战事折,国家灭!

在系统科学的复杂性研究兴盛起来后,路径依赖概念变得越来越被学界所重视。

在气象学领域,在20世纪60年代初气象学家洛伦兹在研究气象模式时,突然发现即便是从几乎完全相同的初始条件开始,仅仅差百万分之一,计算机上模拟的以后的气象模式也变得完全不同(图4-4)。他后来对这种对初值极端敏感的现象,称为"蝴蝶效应",即"巴西的一只蝴蝶扇动了一下翅膀,一个月后,是否会引起美国得克萨斯州的一场陆龙卷?"[①]

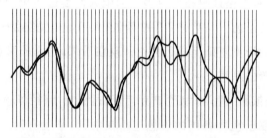

图4-4　两组天气模式的混沌分叉演化——洛伦兹在气象研究中发现混沌(对初值的极端敏感性)[②]

---

① J. Gleick:*Chaos*,*making a new science*,New York,Viking Penguin Inc.,1987,pp. 114-115.

② Ibid,p. 17.

后来，洛伦兹准确地把这种现象称为"混沌"。混沌再经过数学家（如约克和李天然）和生态学家（如梅等）的发现，后来经传媒传播，不胫而走。

在制度经济学领域，新制度经济学家诺思运用"路径依赖"概念研究和描述了技术变迁中正反馈机制的作用，说明了经济中过去的绩效对现在和未来的巨大影响力。他指出，一个国家的经济发展一旦走上某一轨道，它的既定方向会在往后的发展得到强化，因此，人们过去的选择对未来的可能选择有很强的影响力。

根据制度经济学的研究，路径依赖机理在经济学中主要表现为给定条件、启动机制、形成状态和退出闭锁四大过程。

"给定条件"指能够启动系统演化确定系统路径选择的那些随机偶然事件的发生，一般是无法预料的一些系统外部偶然性事件的突然出现，如突然出现某种不在系统之内的发明，或者某种突发的冲突或者偶然性的战争爆发，等等。

"启动机制"指系统中存在的正反馈机制随着给定条件的确立而随之发生启动。在经济领域，启动机制通常表现为企业家进行了投资，初步设置和核算了成本，建立了一项制度，而适应制度所产生的组织抓住制度的框架所提供的获利机会，进行学习，产生学习效应，通过组织之间的相互缔结契约，以及互利性组织的产生，对制度进行进一步的投资，实现协调效应，并且产生系列的规则催生效应，即一项规则的产生催生了其他相关规则的产生和补充规则的产生。一句话，一旦给定事件对系统演化发生作用了，系统的正反馈机制便开始启动，系统便按照给定条件和启动的正反馈机制一步一步地锁定在某种道路上演化起来，假如原来系统朝向何方演化还不确定,那么这时系统的演化路径和方向便越来越确定了,其演化方向的不确定性此时变得越来越小。

"形成状态"指系统的正反馈机制运行使系统出现了某种状态或者结果。

通常的状态和结果是:(1)多重均衡,系统演化的结果对应了多个情况或多个状态,不是单一的。(2)锁定,即一旦系统演化被某种具有"给定条件"的偶然性因素所引导,使系统选择了某种方案或者某种道路,那么收益递增机制就会阻止它再接受其他方案,或者阻值它选择其他道路。事实上,道路已经在给定和启动过程中分叉并且被锁定,不可能回头了。(3)已经选择的道路并非一定是最捷径的道路,已经选择的方案并非一定是最好的方案。这是由于对其他道路或者方案的动态认识被阻止。(4)路径依赖,即系统演化的路径敏感地依赖于系统的初始条件或初始状态。系统一旦采纳某方案或者进入到某路径,该系统的演化路径便会依赖于以前的路径和状态。

"退出闭锁"是指通过某种外部控制参量的作用,系统实现了路径替代。在经济过程中,经济系统退出闭锁,通常是通过政府干预来实现和完成的。[①]

路径依赖的概念出现后,表明历史因素进入系统演化分析的视野。无独有偶,在哲学领域,特别是知识论领域,也兴起了"语境"研究,以及推崇语境的语境主义思想。在语言哲学中,语境主义认为,一个词的意义是通过它在一个句子或在整篇文章中的用

法或出现来确定的,即通过对句子内容的作用来确定的。只有在具体的语境中,知识才是确定的、有意义的,否则就是不确定的、无意义的。这当然是路径依赖的。近年来语境主义知识论在进一步发展中还提出了一种相关选择理论的观点。[①] 相关选择理论认为,选择也是受语境制约的,选择是知识归属和评价的函数。事实上,在进行相关选择时,语境主义的影响就是让你考虑你的理由有多充分。相关选择理论一般认为,认知语境是在话语理解过程中不断选择的结果,而不是在理解过程之前预先确定的。但是这种选择不是随意的,是受到持有语境者的心智活动和记忆制约的。

选择理论与知识本身还有一个重要的相关,即学术性科学知识进化的模式本质上是选择论的。[②] 这就说明,科学家的科学知识研究也是受制于他所处的语境的,不考虑语境来谈论知识进化,实际上是乌托邦。

反过来看,路径依赖也是语境分析的。最近在新兴起的复杂性科学研究中,也很强调语境。它也有一套自己关于语境的概念(其中包括一些隐喻概念),或更确切地说,可以称为与语境涵义密切相关的概念。系统在相空间的行走轨迹非遍历性(nonergodicity)就是路径依赖。路径依赖把历史因素引入了物理科学研究,更把语境涵义引入了知识的解读过程中。如果可以引申,这里历史和现实、此在和彼在恰如海德格尔所说的交织在一起。对

---

① G. C. Stine, Skepticism, Relevant Alternatives, and Deductive Closure, *Philosophical Studies*, Vol. 29, 1976: 249-261. K. DeRose, Contextualism and Knowledge Attribution, *Philosophy and Phenomenological Research*, Vol. 52, 1992: 913-929.

② 约翰·齐曼:《真科学》,曾国屏等译,上海科技教育出版社 2003 年版,第 346 页。

语境主义的语境概念和复杂性科学中这些语境性概念的共同解读,似乎给了我们一种殊途同归的感觉。它不仅表明两者存在诸多共同之处,而且表明对两者的交汇处给予深入关注,可能会从中获得许多教益。

　　"路径依赖"所引用的案例主要是计算机键盘 QWERTY 的经济学故事。[①]

　　在西方世界,QWERTY 键盘设计几乎用于所有的打字机和计算机键盘(QWERTY 是这项键盘设计名称顶行的字母行的前六个字母的拼写)。我们为什么采用 QWERTY 键盘设计,而没有采用其他键盘设计? 是没有其他设计吗? 不是。那么,QWERTY 键盘设计是所有键盘设计中最好的或者是最有效地安排打字机键盘的设计吗? 不是。按照某种研究,所谓的"理想的"键盘排列顺序为 DHIATENSOR 被安置在键盘中间,因为这十个字母在英语中的使用超过了其他的 70%。按道理,这种键盘设计应该最具有打字效率,为什么这种设计的键盘没有占据键盘市场? 我们知道,在计算机终端设备的工程中没有人会需要笨拙的键盘设计像今天这种"QWERTY"的了,然而我们至今为止仍然保留着这种键盘,QWERTY 仍然从打字机时代流传下来。一直以来也没有人被 DSK(the Dvorak Simplified Keyboard)[②]的使徒们关于丢弃 QWERTY 的劝告所轻易地说服。这种 DSK 键盘曾经在

---

　　① Paul A. David, Clio and the Economics of QWERTY, *American Economic Review*, Vol. 75, No. 2, 1985:332-337.

　　② 德佛札克:关于或指打字机或电脑键盘的结构,其字母安排是为了增快打字速度并方便打字。其键盘的中间一行字母顺序为 A、O、E、U、I、D、H、T、N 和 S。

1970 年代早期就像计算机和自动化那样公布发行。但是为什么它没有流行起来？献身于这种计算机键盘排列模式研究的奥古斯特·德佛扎克（August Dvorak）和 W. J. 德雷利（Dealey）在 1932 年一直保持着以这种键盘输入的最快速度。况且，在 1940 年代，美国海军的实验揭示，把在十天内的全时打字员经过再教育的成本计算在内后，使用 DSK 键盘的雇佣者会逐渐增加效率。按照苹果计算机公司的广告所说，DSK 键盘打字的效率比 QWERTY 要快 20%—40%，但是这个更好的设计在早先美国和英格兰的 1909—1924 年七次要改进 QWERTY 键盘却都遇到了同样的拒绝，直到今天仍然是 QWERTY 键盘支配着键盘市场。[①]

　　QWERTY 键盘设计为什么会这么奇妙地支配键盘市场呢？事实上，接近 QWERTY 键盘设计的雏形打字机发明（发明人为 Christopher Latham Sholes）专利申请批准于 1867 年 10 月，从这个时刻到今天一共有 52 个人发明了打字机。这个打字机专利后来被雷明顿父子（缝纫机）公司冠以 W. Remington and Sons 的品牌而合伙经营，在以后六年中，QWERTY 键盘设计经过修正而逐渐形成。以后尽管当时的经济并不景气，雷明顿公司还是生产了一些用这种设计制作键盘的打字机。这意味着有越来越多的打字员开始学习使用 QWERTY 键盘来打字。按照保罗·大卫的研究，打字机在美国的繁荣开始在 1880 年代，因为有证据表明，竞争设计、制造公司和与键盘排列 Sholes-Remington 的 QWERTY 的

---

　　① Paul A. David, Clio and the Economics of QWERTY, *American Economic Review*, Vol. 75, No. 2, 1985:332-337.

竞争开始急速地增加。然而,在下一个十年中,正当任何受到QWERTY支配的微观技术的操作方式已经变得很明显的时候,它开始被打字机工程的进步所升级,美国打字机工业开始急速地向竖式的向前打击的机器标准并且伴有四行QWERTY的键盘运动,这被仲裁为"普遍的"标准。1895—1905年,非装有铅字的连动杆装置的机器的生产者被这种要求"普遍化"作为理想的最优键盘击倒一批。[①]

在1880年代,由于"按指法式"打字的来临,使得改进的产品系统里出现了三种特征,它们对于QWERTY键盘是至关重要的,使得QWERTY最终变成为"锁定"的支配性键盘。这些特性是技术的相互关联性、规模经济和投资的准不可逆性。它们构成了或许可以被称为QWERTY规范的基本成分。技术的相互关联性对于系统的键盘的"硬件"和"软件"之间的兼容性来说,是由按指法打字者对键的特定排布的记忆表现的,这意味着作为某种产物设施的一个打字机预期的价值是依赖于可兼容软件的有效性的,而这种有效性是由打字员决定使用哪种键盘种类他们就要学习那种键盘的决策来裁定的。随着技术进步和规模经济的增长,这些下降的成本条件——或者系统的规模经济——已经有了一系列后果,其中毫无疑问的,也是最重要的,是系统间竞争的过程导致事实上的标准化的倾向,它通过一个单一的键盘设计就优先支配了市场。对于任何分析的目的,重要的可能是遵循方法中的简

---

　　① Paul A. David, Clio and the Economics of QWERTY, *American Economic Review*, Vol. 75, No. 2, 1985:332-337.

化:假定打字机的购买者一律对键盘是没有固有的偏爱,他们只担心按指法打字的打字员如何能够贡献可替代的特殊键盘类型。另一方面,假定打字员不仅对于学习 QWERTY 为基础键盘的"指法"是有不同种类的偏爱的,与其他方法相对,他们也要注意到机器的学习成本是按照键盘风格分布的。于是,可以想象这些不同种类偏好的成员是以随机的次序判定哪种打字风格是需要训练的。

　　或许可以看到的是,在选择时如果摆脱价格下降的束缚,随机的抉择有利于 QWERTY,因为它将提升(并不担保)下一个选择将有利于 QWERTY 的可能性。而且,虽然 QWERTY 通过它与 Remington 联合获得了最初的领先,但是这种领先在数量上是非常微小的,而最终是期望它所带来的放大效应充分保证了工业终于锁定在事实的 QWERTY 标准上。[1] 正如沃德罗普在《复杂》一书中介绍美国新的复杂性经济学家阿瑟的研究(他从 1983 年发现了 QWERTY 键盘锁定的路径依赖效应)时所说的那样,现在,QWERTY 键盘设计变成了被成千上万人使用的标准键盘,这种设计的键盘基本上已经永久占领了市场。[2]

　　类似 QWERTY 的路径依赖的案例还有很多,如 1970—1980 年代 VHS 和 Beta 竞争(当时 VHS 比 Beta 仅仅多占领一点点市场份额)并且 VHS 取得胜利的案例;轻水反应堆受到政治权力决

---

　　[1]　Paul A. David, Clio and the Economics of QWERTY, *American Economic Review*, Vol. 75, No. 2, 1985:332-337.

　　[2]　米歇尔·沃德罗普:《复杂》,陈玲译,生活·读书·新知三联书店 1997 年版,第 33—34 页。

策的影响而逐步取代其他反应堆设计的案例[①];甚至历史上时钟的顺时针设计取得支配地位的案例(历史上存留有少数时钟逆时针旋转的钟表,如佛罗伦萨教堂的时钟,佩奥罗·厄赛罗在 1443年设计),[②]等等。因此,路径依赖决不是孤立现象,而是经济学领域、政治领域以及知识发展领域相当普遍的现象。

路径依赖概念叙述了小历史事件的发生对于演化结局的影响。发生、放大、锁定是路径依赖的复杂隐喻意义。由于这种影响并不固定在历史发展的开始,而是在整个事物发展演化的全过程中逐渐加强着影响。由于发展依赖于某些历史事件,于是演化不是完全的逻辑分析能够解释出来的,才需要历史叙事的方法进行描述。这就是复杂性的意义。按道理这并不是什么新鲜的观点,只是复杂性研究再次揭示了这种方法和观点的重要意义而已。

另外,恰恰是复杂性科学研究激活了隐喻方法[③],使得隐喻方法成为复杂性科学研究这种还未成熟学科所使用的主要方法之一。通过隐喻概念所蕴涵的大量叙事和历史具体境况,把实践的行动者、事件境况和实践语境蕴涵和包容在一起,使之远远丰富于逻辑说明,从而建构了复杂性研究的解释学意义的叙事说明方式。通过隐喻的叙事而加以理解,是逐渐进入科学说明的一种新方式,它正在取得说明的合法性地位。隐喻方法还进一

---

① 米歇尔·沃德罗普:《复杂》,第 43 页。

② 同上书,第 41 页。

③ Ted Fuller and Paul Moran, Moving Beyond Metaphor, *Emergence*, Vol. 2, No. 1, 2000:50-71。

步模糊了所谓说明与叙事的方式,模糊了科学与其他文化研究的区别。关于隐喻方法对于科学说明的意义和作用,应该是科学哲学新说明和具体科学研究相互关系的某种任务,我们留待下章进行解释。

四、基于行动而不是基于理解的试错模拟实践方法

复杂性研究的许多模拟方法都不是像经典科学的模拟方法一样,是事先已经对要模拟的对象有清晰的理解或者全局的理解,从而在理解基础上做出的模拟,而是一种试错式的模拟,是通过模拟接近对象不断迭代地逼近对象的方法。这里,为了区别起见,我们要特别强调复杂性研究的试错模拟方法的实践意义。如果总结这种方法的哲学意蕴的话,以简单算法试错模拟生成对象的建构方法,在科学哲学看来是一种实践优位(比较理论而言)的方法。

让我们先以分形模拟迭代方法来讨论复杂性模拟迭代方法的操作及其方法论意义。

描述事物的空间(几何)形状与结构,是认识客观世界的一项重要内容。以往的几何学,如欧氏几何、黎曼几何、微分几何,研究的都是规则的形状。因此,传统几何又称为规则整形几何。所用方法也被称为传统经典几何方法。而客观世界自然存在的许多事物不仅不具有规则的形状和结构,而且其外部和内部还具有极其复杂的、互相嵌套的形状与结构。例如,哺乳动物肺的血管、我们

司空见惯的树木就都是这样的形状,具有这样的结构。实际上,这种形体在自然界和社会中比比皆是,如弯弯曲曲的海岸线、起伏不平的山峦、分叉的树木和河流、纵横交错的血管、思想的创造性分化、科学革命的结构等[①]。描述这种事物的方法可能很多,分形几何诞生后,则形成了一种卓有成效的分形模拟方法。

分形方法通常遵循如下特性展开模拟,这些基本不变的特性被法尔科内(K. L. Falconer)总结性地归纳如下[②]:(1)分形具有精细结构,即有任意小比例的不规则的细节;(2)分形具有高度的不规则性,以至于无论它的局部还是它的整体都无法用传统的微积分或几何语言来描述;(3)分形具有某种统计意义或近似意义的自相似性;(4)分形的分数维数严格大于它的拓扑维数;(5)分形的生成方式很简单,比如可以用递归方式生成[③];(6)通常分形有"自然"的外貌[④]。

这里的模拟只采用第五个特性进行。假定我们以分形方法对户外的一个非规则的树木进行模拟。这种模拟通常是按照两种方

---

① 库恩 1962 年的专著名为《科学革命的结构》,近年来科学哲学研究表明,科学革命也具有复杂性的结构,各种科学革命具有一定的、统计意义上的自相似性。笔者也证明了科学的演化是一种自组织过程,具有自组织的复杂性结构。吴彤:《生长的旋律——自组织演化的科学》,山东教育出版社 1996 年版。

② K. J. Falconer, *Fractal gemetry*, *mathmatical foundations and applications*, Wiley & Son, 1990.

③ 如虫口叠代方程 $x_{n+1}=1-\mu x_n^2$,通过多次简单叠代,在 μ 为不同值的范围内就可以达到分维的分形区域(或混沌区域)。

④ 在法尔科内的另一著作 *Techniques in Fractal Geometry*(《分形几何中的技巧》,曾文曲等译,东北大学出版社 1999 年版)引论中,再次地、更细致地总结了这五点,并且增加了第六点。

式同时进行。第一,我们有一个真实的树木的形象。我们可以通过拍照片的方式把树木制作成二维图像。这个方式来自实践和实践的对象。第二,我们通过分形迭代方法的标准,可以知道一般迭代的规范。比如,以 L—系统迭代的规范进行迭代的角度、大小、步骤等。[①]

L—系统是一种利用迭代方式描述动态(生长)过程的方法。L—系统的方法是按照生物体生长发育机制而设计的。按照现代生物学的观点,生物生长发育是由细胞中包含的遗传基因信息所决定的;基因信息(基因型)决定生物体的最终形态(表型)。

确定 L—系统按单元行为及其与周边单元状态间联系的程度,又分为"上下文无关"的 L—系统和"上下文有关"的 L—系统。有关、无关主要指系统状态与周边单元的关系。绝大多数系统都与上下文有关。

让我们通过几个 L—系统实例进行操作方法说明。

例一,假定某一 L—系统由如下重写规则决定:

1) a→cb;

2) b→a;

3) c→da;

4) d→c。

其中 a、b、c、d 代表元素状态。给定该 L—系统的初始状态 a(或称给定一种子元素 a),该系统的生长过程可表述为如下:

---

① 关于 L—系统迭代方法的描述完全引自:许国志主编:《系统科学》,上海科技教育出版社 2000 年版,第 128—130 页。

时间	结　　构	使用规则
0	a	种子元素(初始状态)
1	cb	规则 1
2	daa	规则 3,2
3	ccbcb	规则 4,1,1
4	dadaadaa	规则 3,3,2,3,2

例二,OL—系统是 L—系统中一类特殊系统,它引入了分枝(branching)的概念(用"( )"表示向左边分枝;"[ ]"表示向右边分枝):

1) a→c[b]d;

2) b→a;

3) c→c;

4) d→c(e)a;

5) e→d。

它的生长过程可表述如下:

时间 t	结　　构	使用规则
0	a	种子元素(初始状态)
1	c[b]d	规则 1
2	c[a]c (e) a	规则 3,2,4
3	c[c[b]d]c(d)c[b]d	规则 3,1,3,5,1

其生长的二维图像(图 4-5)如下:

以上只是最简单的 L—系统的迭代方法示意。比较复杂的 L—系统已经被成功地应用于描述植物的生长、分维图形的产生、图像生成等。

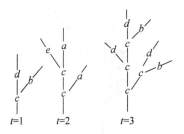

图 4-5　生长过程树

现在,我们要通过 L—系统模拟真实的树木,就需要不断调整 L—系统的重写规则,加入角度变化、尺度变化规则等。总之,通过多次调整,则可以在计算机上实现真实树木的描述(图 4-6、图 4-7、图 4-8、图 4-9)。

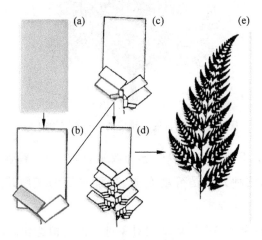

图 4-6　L—系统模拟的草叶生长

因此,在复杂性研究中的计算机模拟方法与传统模拟不同的是,模拟之前没有现成的规则,只有可以类比的范例。规则要

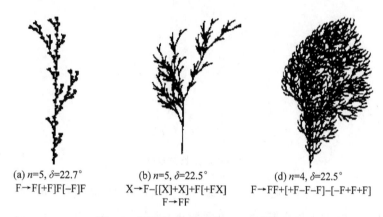

(a) $n=5$, $\delta=22.7°$
F→F[+F]F[−F]F

(b) $n=5$, $\delta=22.5°$
X→F−[[X]+X]+F[+FX]
F→FF

(d) $n=4$, $\delta=22.5°$
F→FF+[+F−F−F]−[−F+F+F]

图 4-7　不同尺度、角度的 L—系统模拟

图 4-8　计算机模拟绘出的 L—系统的树木

根据对象的不同而在实践中进行改造,即进行实践性的设计改造。因此,这种方法是行动在先、理解在后的实践建构的模拟方法。

　　而一旦完成一个比较真实对象进行的模拟迭代后,这个模拟便变成典型范例,并且可以成为以后进一步模拟更复杂对象的起点,就像人们在攀登复杂性高峰一样,这些范例不过向上攀登的中间站而已。复杂性模拟方法就是这样的实践攀登方法。

Tree Silhouette

dimension(experimental)=1.73
dimension(analytical)=??
deviation=??

log (1/h)	log N(h)
0	13.1055
-0.69315	12.0209
-1.38629	10.9253
-4.06044	5.99894
-4.71850	4.82831
-5.12396	4.14313
-5.41165	3.73767
-5.63479	3.36730
-5.81711	2.94444
-5.97126	2.83321
-6.10479	2.63906
-6.79794	1.79176

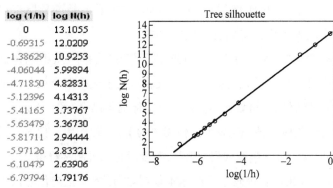

图 4-9 树木迭代的分形维数

现在,我们讨论遗传算法。[①]

遗传算法是一种模拟生物界自然选择和自然遗传机制的随机搜索算法,是由霍兰提出的,其主要特点是群体搜索策略和群体中个体之间通过交换信息进行互动和进化。在实现机制上,它是一种离散动力学系统,在给定初始群体和遗传操作规则的前提下,通过迭代实现群体的进化。它的用途很广(尤其适用于处理传统搜索方法难于解决的复杂和非线性问题,广泛用于组合优化、机器学习、自适应控制、规划设计、人工生命等领域),而且越来越显示其强大的解释力。

---

① 关于遗传算法主要引自:(1)许国志主编:《系统科学》,上海科技教育出版社2000年版,第131—144页;(2)霍兰:《隐秩序——适应性造就复杂性》,周晓牧等译,上海科技教育出版社2000年版。

　　遗传算法研究的目标,第一是抽取和解释自然系统的自适应过程,第二是设计具有自然系统机理的人工系统。

　　遗传算法是一种由一个"染色体群"通过"自然选择"的机制转化成另一个"染色体群"的方法。因此,它本质上是一种模拟遗传进化实现人工生命走向复杂性的方法。

　　霍兰把"自然选择"概念的操作分解为"选择"(从染色体群体中选出可以繁殖后代的染色体)、"交换"(用于交换两个染色体的组成部分,实际上是粗略地模仿两个单倍体的再结合)和"突变"(随机地改变染色体上某一位置的遗传因子的值)几种作用。把"染色体"以"基因"(一位二进制代码"0"或"1")表示为二进制字符串。

　　首先,我们要理解进化的基本规则,然后才能把遗传算法实现在计算机上。进化首先是一种在大量的可能选择中寻找解决问题答案的方法。生物学中"大量的可能选择"即可能的基因序列的集合,而"解决方案"是指具有高度适应性的即能够在环境中很好地生存和繁殖的有机体。进化其次还是一种大规模的并行作用,不是一次只作用于一个物种。而是同时作用于多个物种。据此,霍兰把计算机搜索程序也看成是能够做出进化编程的(只给出简单的进化规则,然后让基因和染色体自主演化的过程),并进行了遗传操作,形成了遗传算法。

　　假设给定一个问题,并且用定义好的长度为 m 的染色体串代表候选解,遗传算法的流程可以简单地描述为:

　　步骤1:随机生成 n 个长度为 m 的染色体串,形成初始的染色体群。

　　步骤2:将染色体群中每个染色体串代入适应度函数,计算适应度。

步骤 3：判断是否满足终止条件，若是，则适应度值最大的染色体对应的候选解就是需要的满意解，若否，则转步骤 4。

步骤 4：重复下列步骤直至产生了 n 个后代；

a）在当前染色体群中随机地选取两个染色体作为父体，选取染色体的概率函数应该是适应度的增函数。在选取父体的过程中，一个染色体可以被多次选中。

b）对于选中的父体，按照交换概率 P_c 决定是否交换产生两个新的后代，发生交换的位置是随机的，每个位置的概率是相同的。如果不发生交换，则两个后代是对两个选中的父体严格复制的结果，这里定义的交换是两个父体在一个随机的位置上进行交换。在遗传算法中有时会用到多点的交换。

c）对于交换的两个后代，分别在每个位置上按照突变概率 P_m 发生突变。将两个后代放入新的染色体群。

d）如果 n 是奇数，可以随机地放弃一个新的后代。

步骤 5：生成 n 个新的染色体后，用新的染色体群代替原来的染色体群。

步骤 6：转向步骤 2。

对于遗传算法，我们要着重说明两点：第一，该算法的获得，是聪明的科学家多次试错实践获得的；第二，类比生物进化已经建立的规则是遗传算法得以建立的关键。事实上，这两点都把实践优位的思想在算法的建立和操作中实现了。第一点不必说，算法之所以能够建立，是霍兰自己多次在计算机和计算过程中摸索出来的；就第二点来看，生物的进化实践事实上已经经过了数百万年，这种进化规范的建立是大量实践证明了的非常优化的大自然的演化算法。科学家只是"事后诸葛亮"的学习和模仿而已。

五、基于形象的概念绘图映射方法

概念绘图映射方法(concept mapping,简称 CM)是一种基于归纳的实践方法,是在复杂性管理和学科概念研究中常常使用的方法之一。它的特点如下[①]:

它是归纳的,允许被共享的意义涌现出来;它建基于某种能够产生复杂模式和结果的简单(操作)规则的集合基础上。

它使多种行动者参与其中,通过分享不同的通路(同步的或者不同步的,面对面的,等等)而排列成为某种范围谱系以遍及整个过程。

它的形象产物提供了表征简单的、高水平的进化思考。

它的结果是生成的,鼓励分享意义和组织化的学习,并且保存个体性和多样性。

它的图本身提供了一个框架,使自治的行动者按照更宽泛的组织化或者系统视界去结盟而行动。

概念绘图是一种定性的群过程和定量分析的综合。它的行动有六个步骤。第一,准备和注意明确表达。一个好的开始是成功的一半。首先我们要识别谁是参与者,这通常采取连续取样的方

---

① William M. K. Trochim and Derek Cabrera, The Complexity of Concept Mapping for Policy Analysis, *Emergence*, Vol. 7, No. 1, 2005: pp. 11-22.

法进行研究;然后,我们要确定这些参与者要绘制什么计划。第二,是生成观念和论点。在这个阶段我们要产生大量的观点,使之成为概念绘图计划的组成基础。第三,把观念或者论点结构化。在这个结构化的阶段,参与者要提出他们对于各种概念和论题组织和综合的意见。每个参与者都要把原来无组织的各种观点汇集和组织起来进行分类,并且提出自己组织和综合的意见。第四,在构图中表征观念或论点。在这个阶段,我们需要运用某种算法把分类在资料架上的观念表达在构图上。第五,对结果进行解释。以参与者或者参与者的小组对结果进行解释。第六,按照不同的环境和局部需要利用结果。

威廉·M. K. T. 和德雷克·卡布雷拉把系统的概念绘图方法运用于一个公共卫生健康系统的思考过程后,对这种复杂系统的思考建模和绘图过程给出了图示(图 4-10)。

构图概念何以是复杂性方法研究的组成部分? 它如何可以用于研究人类复杂系统? 有四个方面可以说明这点:它们是各种规则和自治性的行动者、信息流和适应、反馈和进化、模拟。为了说明这四个方面何以成为与复杂性有关的研究方法特性,威廉·M. K. T. 和德雷克·卡布雷拉还特别运用了一个"内""外"区别性的概念绘图加以说明。

由"内"的模型只涉及概念绘图方法本身[表 4-1,(1)(a)—(d)]。他们认为,内在的概念绘图本身就是复杂适应系统(CAS)。因为向内的概念绘图注重的是概念绘图算法的"规则",集中在敏捷即时、智力风暴、综述分析、资料排架和等级排架、统计分析、概念丛识别、命名和解释上,它所产生的概念图可以被视为一种适应

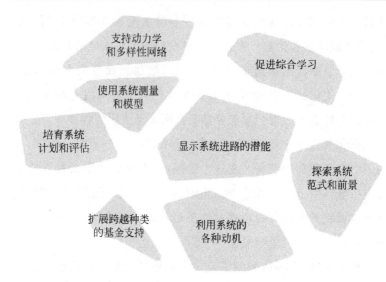

图 4-10　在公共卫生和健康研究中应付实践挑战所需的鼓励和支持有效系统思考和建模的八个概念

性的参与行动者和方法论规则集合的综合涌现性质。

由"外"的模型则涉及外部系统。概念绘图被作为一种工具而使用，是复杂适应系统的一个部分，是联系外部世界进行实践参与的工具。

第一，是规则和行动者。概念绘图过程包括建基于某种聚焦于激励的、无结构的各种资料基础上无限制数目的自由讨论。其概念绘图利用了一系列的统计分析，它是多维尺度的和分层次的分析，因此参与者或者行动者可以做出多种解释。

第二，是信息流和适应。在复杂系统中所发生的许多事情都是建立在流动在该系统中信息流的基础上的，其后续的适应也是由行动者在回应这些变革的信息流的过程中建立起来的。不论信息流是物理过程、化学过程、生物过程或者是精神-社会过程中的信息变化,其中心观念都是行动者和系统在适应变化的信息流。在概念绘图的各个点上,都存在这些不同适应。比如,个体行动者适应观念的变革信息流;在智力风暴阶段,行动者要适应同步的或者异步的即时产生的陈述;在更大的尺度上,系统本身也要适应由完成的概念图提供的新信息。

　　第三,是反馈和进化。概念绘图产生的反馈始终遍及整个绘图的各个阶段和过程。概念绘图的进化产生于"内"和"外"[表 4-1(c)]。

表 4-1　概念绘图和复杂性:一种内-外模型[①]

	(a)规则和自治的行动者	(b)信息流和适应	(c)反馈和进化	(d)模拟
(1)内(CM 作为一种 CAS 方法)	CM 是一种方法;它建基于简单规则上;涌现的图能够为外部 CAS 识别简单规则。	在头脑风暴形式中,信息流遵循着 CM 规则而集合;参与者和陈述是相互共同适应。	CM 方法包括一系列步骤;包括看不见的变量和可选择的持续力量。	CM 是一种 CAS 方法,它使人类模拟明晰起来。
(2)外(CM 作为 CAS 模拟的一部分)	与其他人类模拟相互联合;概念图可能识别来自外部的可能的简单规则。	绘图行为是系统层次认知的"内在模型";构图是贯穿系统的移动信息;CM 的透明允许所有行动者去适应系统的内在模型进化。	初始的 CM 引导 CM 与人相互作用,模拟扮演进化系统状态。	来自"内在"CM 的"简单模型"可以被"外在"的人类模拟所检验。

---

　　①　William M. K. Trochim and Derek Cabrera, The Complexity of Concept Mapping for Policy Analysis, *Emergence*, Vol. 7, No. 1, 2005:11-22.

第四,是模拟。概念绘图可以被视为一种典型的复杂社会系统的"人类模拟",它类似于传统的计算模拟,近年来经常使用于CAS。正如在计算机模拟中,在概念绘图过程中不同点上的小变革,都会引起戏剧般的涌现结果。概念绘图模拟比传统计算机模拟在复杂的社会互动如管理组织演化和特定的组织觉察方面有更好的运用。

六、复杂性研究方法的
研究程序和实践特征

复杂性科学研究方法论的基本特性是实践优位。这种实践优位不是仅仅把实践作为基础,而是把实践既作为基础,也作为尝试解决问题的基本对策,和贯穿研究全过程的指导规范。让我们对复杂性研究的方法程序和特性做一总结。先看图 4-11,它把复杂性研究的程序和实践特性表达得很形象。

从底层开始,最先是日常实践行为,通过行动者的实践行动,我们会本能地进而经验地对行动产生的作用产生反射、反省和反映。这样就有了感觉、理性和意义的产生,从而形成概念化活动——期望和说明,这种期望和说明必定要采取隐喻、模型、语言和追寻理由的因果性的方式进行,然后再回到日常实践中;至此,第一个认识循环完成。事实上,这种认知活动与其他认知活动一样,它们都是人类认知活动的基本特性。不过,复杂性的认知活动在底层时,更注意其实践性,也更关注实践的各个方面。特别不同性质和种类对实践活动的影响,不仅是认知主体的活动受到关注,

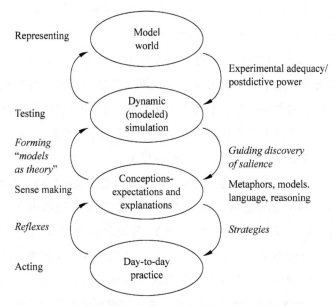

图 4-11 通过建模、洞察和实践建立演化理论模型 ①

而且认识实践的环境也会受到更多的关注；不仅是认知对象的各个方面能够进入认知的视野，而且主体本身的能力、技能，情感，甚至身体状况也都会进入认识实践的视野。因为这些对于在地方性情境下获得什么样子的知识具有直接的意义。由于对象复杂，行动者在认识时必须借助各种力量，包括其全部的生活经验，也包括文化习俗等，来对通过事物的实践所获进行汇集。

紧接着，如果在第一个阶段，我们的实践获得的认知反映在参与世界的实践行动中得到验证，并且获得了实践性收获，也就是

---

① Ted Fuller and Paul Moran, Moving Beyond Metaphor, *Emergence*, Vol. 2, No. 1, 2000；50-71.

说,我们的行动产生了效果。这不仅加强了我们认识世界、实践世界的信心,而且使我们在原有的基础上有所推进。因此,不论是实践失败还是认知胜利,我们在实践基础上概念化的过程都不会停止,它会对通过多次实践行动或者长期实践活动获得的各种概念进行整理、归类和整合。整合的后果之一,就是形成"作为理论的模型"。这就进入到了认知动力学的第二个阶段。当然,按照劳斯的观点,这个模型不必是完整的理论模型,而更可能是一种实践的范例,是实践多次聚积起来的规范。就像库恩所说的"范式"那样,不必是共同体遵循的统一意志或者某种范式,而是能够引导实践的范例即可。而一旦形成作为(范例)理论的模型,事实上就开始了动力学(模型化)的模拟过程;一旦如我们在分形模拟树木的案例所看到的那样,它就成为了突出的发现导引。成为引导发现或者成为引导逼近真实事物的模拟。这是实践到经验理论的第二个阶段,是实践、形成范例、模型和指导发现的互动阶段。

范例是否能够起到指导实践的作用,推动这个认知向前发展的仍然是实践,这个实践与先前的实践有不同的意义,它开始转而为理论服务,为建立与实践切合的理论服务。正是因为存在这样的过程和阶段,传统科学哲学就像"盲人摸象"一样,错把这个阶段扩展到实践和理论模型互动的全部阶段,错以为这个阶段就是科学认识的全部。

事实上,确实存在着经过试验和进一步的尝试,模型得以表征,简化在这里开始发生重要作用。由于对事物或者对世界的认识若不能简化,就不会形成模型化的认知。人们就无法以较简单的原则(这些原则本来来自实践,但是人们一旦从实践中建构了它、抽取了它，它就成为驾驭实践的车夫)指导实践。而一旦形成模型，表征的模型就开始神圣化，成为普遍化的标准。并且被"错误"地认为，是一切实践的普遍化标准。但是要实现这点，还需要再次与经验切合，还需要运用实践进行进一步的检验，进行后续的检测。

复杂性科学比以往科学研究更为突出的地方是，在复杂性研究看来，重要的不是一般理论，而是具体行动，是"行胜于言"。重要的不是先考虑如何给复杂性建立统一的科学，而是复杂性研究的认识、方法和立场是否能够对具体学科和领域的各种研究发挥应有的作用。至少目前而言，复杂性科学研究还没有追求统一的理论体系，而是把主要精力放在了以不同的复杂性概念、思想和行动去实践和完成复杂性研究的各自不同的任务上。

现在再让我们考虑一般认识研究的思考特征。

本体论承诺、认识论前提和方法论规范——世界是复杂的，我们的认识只能认识其中很小的一部分，并且只能进行裁剪、简化和模型模拟(但是不能进行过分简化，不能在裁剪和简化后忘记了世界的复杂性，以为世界就如同我们裁剪的部分、简化的部分那样简单——括号内是比简单性思维更多一点的复杂性思维的特性)。

当我们做本体论假定或者承诺的时候，我们当然如同经典科学假定这个世界是简单的一样，而假定这个世界在现象上是复杂的(复杂性思维不仅假定世界在现象上是复杂的，而且假定世界在内在也是复杂的)。对于复杂的实在，我们首先要做以下两件事情。

第一，是分类。对进入我们视野和经验的事情进行分类。这个分类本身已经带着文化和当时认知水平、技术发展水平等先前的条件和预设,不同的文化所看到的实在是不同的。①

在此,我们所要问的问题主要有:我们正在研究的是什么类型的境况或者什么类型的对象(即由相似而预测分类)? 它是由什么所组成和它如何行动? 它所经历过的过程和事件的"历史"如何? 为什么它之所以如此的"历史"说明的范围多大? 它可能如何表现? 它在什么方面和如何改变它的行为或者行动(干涉和预言)?

第二,是边界设定。边界的设定包括两个要做的事情:(1)假定要认识或者被认知对象的边界;(2)确定已知、未知和要知的边界。对于第一类边界,这种边界的划分一开始肯定具有任意性,然而,实践多了,就如"庖丁解牛"一样,边界的划分就会遵循事物的自然组成而形成自然划分。对于第二类边界,我们常常能够确定已知、要知和未知的局部境况,而不能确定全部知识和无知的境况。

边界的确定还表明我们已经假定了要研究的系统和环境的区别。通常,这种假定也包括我们能够感知到的系统与环境的差异和这种系统狭义的、具体的环境,以及广义的、一般的环境。

在进行这些工作时,我们经常使用的方法,不外是历史叙事、描述和文学故事的方法。这些方法在接触细节和体现差异时,是更具特色的。我们正是经由叙事而走向分类和划定研究事物的界线。

做完这样的事情后,我们开始进入简化和整理阶段。首先,我们认识的个体类型是千差万别的,我们遇到的事件也是精彩纷呈的,为了能够简化研究,我们不仅要把它们归类,而且还需找到我们感知到的它们一些共同的、所谓重要的方面,以这些方面平均掉

---

① 例如,中国古代对生物的分类常常以虫为分类的基本标准称呼,如人为裸虫、禽为羽虫等。而西方古代的分类就不同于中国古代。吴彤:"分类和分岔:知识和科学自组织起源的探索",《自然辩证法通讯》2000 年第 6 期。

我们感知到它们的、所谓不重要的差异方面。

第三,以平均相互作用变量描述不同个体类型和不同事件的差异。由于不同个体的交互作用种类繁多,因此简化的一个通常做法是以个体间相互作用的平均化来代表这些个体相互作用的整体境况。经由分类和划定系统界线,我们使要研究的系统与其他方面有所剥离,我们考虑了影响它的事件和过程,发生我们要研究的对象及其事件的种类、数量等,我们还要对它们进行选择,创造性地加以归类,进化地看待过程。最后在这个阶段还要改变或者修正原来的分类,形成进化的模型。

在以平均相互作用的变量描述不同个体类型和不同事件之间,我们还需要经历选择,进行试验和实验,这个过程是一种自发组织的和自动进行的过程。经由这样的过程,复杂性研究也就经历了从零散知识到系统知识的建立过程,而这个过程被复杂性研究看作是区别于经典科学的"复杂性还原"(即不是过分简化,而是简化到系统的整体和相互作用)。

第四,进入"点"(吸引子,attractor)的认知。一般的过分简化的简单性认知就像钻探一样,在知识的地表钻探了几个"点",就认为我们已经得到了这个领域的全部知识,或者认为这几个点的认识和分析可以代表这个区域的全部知识。在复杂性认知和方法看来,这是一种过分简化的假定在作怪,人们在这样假定的背后,有一种更深的假定,即认为世界是到处一样的,是均匀的,是平均化的。事实上,平均化只是我们在获得知识时一个更先前的假定而已。平均化也是科学问题、工具、程序和结果的"标准化"①。人们

---

① Joseph Rouse, *Knowledge and Power*, *Toward a Political Philosophy of Science*, Cornell University Press, Ithaca and London, 1987, p. 113.

经常经过几个这样的假定以后,就忘记了它们是假定,而真的以为它们是世界的真实境况。

复杂性的认识方法也需要寻找和进入"点",不过,这里的"点"不是一般的点,而是类似混沌境况中已经研究到的那种"吸引子"。要获得这种吸引子,从直觉上需要有洞察力,不过,吸引子也有一些基本特征。比如,如果以地貌为隐喻,那么吸引子一定不是处于平原地带,也不是处于山峰之巅,而是处于既有凸起也有凹陷的那些复杂的景观交界之处,就像复杂性另一个概念的隐喻一样,它是"混沌的边缘"。吸引子的点既有稳定性,又有不稳定性,还有被破坏或者生物运动偏离后的恢复力,能够寻找到这样的"吸引子",从吸引子获得的信息就要极为丰富。例如,对水的相变点(如沸点和冰点)的认识,就比对水在一般状态的认识要丰富得多。对这样的吸引子进行研究,就不是过分简化的甚至导致错误认知的简单性认识,而是能够获得事物静态和动态的大量信息的复杂性认知。就知识而言,吸引子的状态恰恰是知识分枝的点,是知识过渡的点,是非线性动力学中事物运动的拐点。当然,对这样的吸引子的认识是比一般点的认识要困难得多,因为吸引子常常处于稳定与不稳定的矛盾之中,而我们知道,对稳定状态的认识一般要容易些,而对不稳定的状态、性质的认知要困难些。因此,复杂性研究总是在简单性认识之后,重要的是,在获得了某些简单性的认识后,没必要停滞,不要以为认识的任务已经完成。我们在复杂性的海洋里,简单性只是其中一些孤岛而已。如爱伦(Allan)在图 4-12 中所示的那样,复杂性和一般简单性认识的过程可能混同在一起,但只要我们注意到一些关节点,我们就能够区别复杂性的认识与

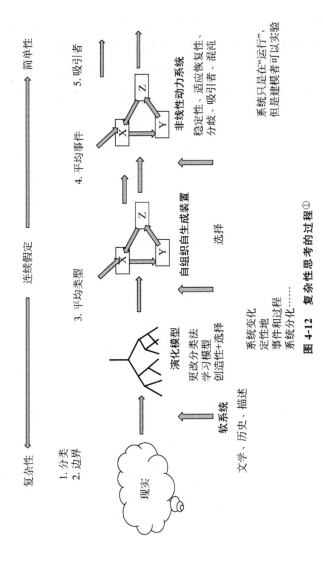

图 4-12　复杂性思考的过程①

① Peter M. Allen．Knowledge，Ignorance，and Learning．*Emergence*．Vol．2．No．4，2000：78-103．

过分简化的简单性认知。

　　最后,复杂性科学研究的方法并不终结自己。它一方面从经典科学中吸取营养,把一些经典科学的方法精髓吸收、转译,变成自己的方法;另一方面,它也在不断发展自己的方法,由于科学技术本身的发展,它把自己的方法变成了一个开放的、混杂的、多样性的体系。

第五章　复杂性的科学哲学观

我们在前几章已经部分地讨论了复杂性的实在观、复杂性的认识论问题,本章我们重点讨论如下问题:第一,复杂性的说明方式与传统科学哲学提供的说明方式有什么共同与不同之处,复杂性的说明或者认知方式对于科学研究的意义在哪里? 第二,作为与传统科学哲学不同的科学知识地方性的观点,复杂性研究为此提供了哪些支持,这些支持是否有道理? 我们希望读者能够从关于复杂性研究的某些传记中看到复杂性研究的建构过程。

一、复杂性的说明与预测

(一) 我们能否做出精确的说明或者预测?

建基于物理科学基础上的传统或者经典科学哲学,一直以来就顽固地认为,是科学就必须要像物理学那样做出精确的预测,在以往的科学哲学上,传统科学哲学关于许多问题的经典观点也都源于此。比如,科学划界问题,逻辑实证主义关于经验的符合是科学、非科学和伪科学的划界标准的观点就是拿科学是否能够精确符合外部经验和检验来作基本尺度的,波普尔皈依证伪主义的原因也是源自看到了爱因斯坦相对论的精确预言被验证,而弗洛伊德的心理学和某些政治主张是无法检验的。事实上,有许多科学不像物理学那样的"科学",比如,在生物学中我们无法预言未来物种将如何演化,我们今天难道能够说生物学不是科学吗? 气象科学的研究在针对天气状况的预报方面一直以来就不是非常成功,人们会经常抱怨天气预报的不准确性,我们难道能够说做出了天气锋面、低气压和高气压运动研究的气象学不科学吗?

复杂性科学研究在本质上还对传统科学哲学关于科学本质上是具有可预测性否则不是科学的划界观点有一个根本性的挑战或者冲击。那就是,我们在原则上无法对所有事物的发展做出长期的预测。原来,全部科学具有精确预测性是一个科学造成的神话。沿着科学精确的预测性的道路前行,是许多科学家的理想,复杂性研究并不是不要或者不想这样做。但是,有的科学可以做出预测,有的科学领域则不能做出这样的预言。复杂性研究的领域涉及的大部分方面是很难做出预测的。这种困难不是由于我们的能力不足,而是经由复杂性研究的科学做出的研究结论表明在这样的领域原则上预测是不可能的。不可预测性是复杂性科学研究的一个特征,它所做出的结论,在许多科学看来,是事与愿违的研究结论,那就是这个世界是原则上不可预测和精确说明的,我们所谓的精确说明和预测,仅仅是这个世界的极小部分或者极小发展演化阶段,甚至仅仅是一种理论抽象而已。近年来科学家又发现存在着暗物质和暗能量,它们占了世界上目前物质能量总量的70%以上。我们把对世界的极小部分可预测推广到世界的全部,从过去推测到未来,本身就有问题。当然,对混沌的精确研究表明,混沌有强弱之分,所谓强非线性混沌,实际上是指洛伦兹意义的完全混沌。而所谓强混沌和弱混沌是按照有无一个时间尺度从而是否可以对系统的演化行为做出预测来划分的。例如,波·帕克(Per Bak)等人认为强混沌即存在一个时间尺度,一旦超越了这个尺度,系统演化就不可预测;而弱混沌则不存在这样一个尺度,它可以进行长期预报。[①] 我们从混沌的研究中,从后来几乎所有的复杂性研究的结论中,都得到了这样一个认识。这是因为存在着演化的复杂性。它不仅因为存在着非线性,而且在于这种非线性在世界上的确起着比线性作用大得多的作用。世界是非线性的假定在复杂性研究中得到了越来越强大的支持。以为世界是线性世界的认识也是一种假定,这种假定曾经一度遮蔽了人们的视野,以为世界真的就是线性的。即便我们不需要本体论的假定或者承诺,至少非线性假定的出现,也使关于世界如何存在和演化的假定多了一个竞争的假设。

(二) 隐喻的叙事说明方式

直观地看,隐喻是以人们熟悉的事情、故事和文献中的寓言等解释当下难以理解的事物、状态的一种方法。一些分析哲学家诋毁隐喻这类的叙事方式,认为隐喻等叙事方式不构成对事物的说明和解释。然而,还存在另外一种解决方案,在更广的实证主义科学哲学方案和对历史与文学中叙事性理解的辩护之间,都旨在把

---

① Per Bak,Chao Tang and Kurt Wiesenfeld,Self-Organized Criticality,*Physical Review*,Vol. 38,No. 1,1988:364-374.

知识的形式作为一种一般人类能力的恰当利用而加以合法化。实证主义者只承认一种关于世界的知识,这种知识就是在细致观察的基础上建构并加以检验的复杂逻辑构架(理论)的能力产生了这种知识。而像米克(Mink)这样的哲学家则为叙事性理解提供了一种极为老练的辩护,他们宣称科学和历史反映了不同的理解模式。

隐喻的确常常在历史和文学研究中使用。因此,在传统的科学哲学家看来,包括隐喻在内的叙事方式不适合科学说明方式。这样一来,实证主义科学哲学和传统的文学、历史学的解释在以下三点达成共识。[①] (1)这一问题只涉及某些学科,主要是历史学、生物学、文学以及或许更宽泛地说是关乎人类的科学。对这些学科来说,实证主义者关于自然科学的论述被认为是尤其不充分和不适用的。(2)叙事被当作一种特殊的理解模式,或是一种被应用或应该被应用在那些学科上的写作形式。它的作用是和自然科学中的理论性理解或假说推理说明所扮演的角色并行不悖的。(3)哲学的讨论关注于完成了的叙事文本的结构(确定的开头、中间、结尾、叙事的观点等)对历史的或文学的理解来说是否是本质性的,以及这些结构是否在行动和事实中已经被发现,抑或只是对它们的叙事复述的人工产物。

实证主义的科学哲学认为,科学常常不喜欢隐喻,至少也把隐喻认为是一种不得已的认识方法。但是事实上,在第一章和第四章,我们已经看到了各种复杂性隐喻概念,以及这些隐喻概念对于

① Joseph Rouse, *Engaging Science: How to Understand Its Practices Philosophically*, Cornell University Press, Ithaca and London, 1996, p. 159.

复杂性研究的重要作用。很明显,复杂性科学研究再次激活了隐喻方法[1],使隐喻方法成为复杂性科学研究这种还未集合成为统一学科所使用的主要方法之一。

隐喻在复杂性研究中的广泛而规范的使用,对传统科学哲学把隐喻这种叙事被设定为一种历史和文学中的说明形式(它并行于实证主义对科学中理论和规律的论述)的观点是一种挑战。多年来,科学哲学中以实证主义的关于科学说明只能以逻辑重建的方式进行的观点实际上已经形成了科学哲学方法论说明的霸权主义。然而,复杂性研究中大量使用隐喻的方式进行说明打破了这种霸权。这表明隐喻和其他叙事的方式决不是历史和文学的专利,自然科学的研究一样可以使用隐喻这种叙事。正如新的科学实践哲学倡导者劳斯所说,"叙事性理解是一切科学实践的特征,而非特殊对象或探究领域的特征。……科学知识的可理解性、意义和辩护都源于它们已经归属于由不断发展的科学研究的实践所提供的被持续重构着的叙事情境"[2]。通过隐喻概念所蕴涵的大量叙事和历史具体境况,把实践的行动者、事件境况和实践语境蕴涵和包容在一起,使之远远丰富于逻辑说明,从而建构了复杂性研究的解释学意义的叙事说明方式。通过隐喻的叙事而加以理解,是逐渐进入科学说明的一种新方式,它正在取得说明的合法性地位。隐喻方法还进一步模糊了所谓说明与叙事的方式,模糊了科

---

[1] Ted Fuller and Paul Moran, Moving Beyond Metaphor, *Emergence*, Vol. 2, No. 1, 2000: 50-71.

[2] Joseph Rouse, *Engaging Science: How to Understand Its Practices Philosophically*, Cornell University Press, Ithaca and London, 1996, pp. 160-161.

学与其他文化研究的区别。

　　人们对于隐喻这种叙事的方式在科学中的使用还存在一种误解,即以为隐喻只能使用在现象说明或者科学发展的早期,或者科学的未成熟期。例如,丹尼尔·洛斯巴特就认为,"在科学词汇表的历时发展过程中,隐喻是描述现象的类比性再概念化的一种非常必要的语言学资源"[①]。事实上,新的科学实践哲学认为,包括隐喻在内的叙事方式,不只在科学的早期使用,而且在科学的发展全过程都起作用。这首先是因为"我们的行动以及在行动中遭遇或使用的东西的可理解性恰就取决于它们已经属于一个有着多种可能叙事的领域。……我们就是在种种不同的而又不断发展着的叙述中生活着,这正是使我们能够谈论它们的条件,是做那些能被当作行动或参与实践的事情的条件"[②]。在实践建构的意义上,如果科学是更大的建构的事业,那么对科学的理解就应该置于建构中的(或者更确切地说,在持续不断的重构中的)叙事处境中。在复杂性研究的叙事领域或者在更大的科学实践的叙事领域,没有哪个研究者的观点可以作为能够统览事件整体过程的一致性视角(复杂性概念的杂多性就是例证),因为不同的研究者正是参与到了不断发展的决定叙事构型的地方性知识生成过程,而那恰是他们当下身处其中的叙事。

　　目前的复杂性研究而且目前的科学研究也根本不能推断出在

　　① Daniel Rothbart, *Explaining the Growth of Scientific Knowledge: Metaphors, Models, and Meanings*, Lewiston: The Edwin Mellen Press, 1997, p. 71.

　　② Joseph Rouse, *Engaging Science: How to Understand Its Practices Philosophically*, Cornell University Press, Ithaca and London, 1996, p. 160.

一个给定的知识领域中将会发生什么，因为它总不断地重新改变着自己的过去。这种状况只是在复杂性研究中体现得更为突出而已。复杂性研究把这种实践性理解为具有一种叙事形式的观点体现得更强。在复杂性研究中，我们经常遇到这样的境况，即科学家通过他们的研究活动以一种特定的方式不断尝试改变这一叙事。在复杂性科学研究中，我们看到从事复杂性研究的科学家在许多日常的科学活动中都非常关注从不同科学家多种多样的工作中如何能够产生出一致的关于复杂性研究这种科学实践行动的叙事领域，从事经济复杂性的研究者从自组织研究的学者那里受到了自组织思想的启发。然后，在自己的领域找到了类似的现象，他们找到了表达类似自组织现象的经济学的报酬递增和路径依赖概念，原本力图统一的工作，这时却在科学家各自的工作上体现出不同的概念理解。科学家们在相互竞争，其目的不只是在不同的方向上推进叙述的线索，而且力图造成学术上某种思想的扩展和统治。只有在对当下研究境况及其向之开放的可能性广泛共享的把握下，各具体的研究群体的工作才能相互理解地进行，但各个群体在如何利用那些可能性上的分歧仍一直威胁着被共享的理解。科学知识就是从这种在叙事的一致性和威胁着它的涣散性之间不断发展着的张力中产生出来的。

在复杂性研究中，关于叙事的工作，还需要指出一点，那就是复杂性研究的各种思想的传播过程中叙事方式的重要意义。一个新科学研究需要有大量的学者和后备军加入，这个研究才有希望，这不仅在社会学意义上是重要的，而且在认识论意义上也是重要的。在沃德罗普对在美国圣菲研究所研究复杂性的学者进行采访和传记写作的叙事描述中,我们可以深刻地体验到,要想说服主流科学家认同这种新思想有多么困难。这种说明不仅依赖于概念的清晰,甚至依赖于所用叙事的故事结构和叙事人的口才。阿瑟向正统经济学的报酬递减规律挑战而提出报酬递增规律时曾多次遭遇失败,而保罗·大卫的"QWERTY"键盘(报酬递增规律的经济学案例)演讲则一炮打响,就说明了这点。①

　　这个新科学思想的传播,也表明叙事是被展演的一个过程,我们在复杂性研究中看到了,也同样在其他科学研究中看到了,在科学发展的开始,任何科学家都准备使自己建构的概念成为科学共同体的共同概念,这是一个叙事竞争的时期。这种境况在复杂性研究中表现得尤其清晰。复杂性研究为科学实践哲学揭示叙事方式是科学研究的一种方式提供了有利的支持证据。复杂性概念的杂多性,复杂性理论的杂多性,都表明复杂性研究目前正处于叙事竞争期,还没有一个能够取得支配地位的概念或者理论能够得到绝大多数复杂性研究者的认同。但每个理论,比如,复杂适应系统(CAS),或者自组织临界性理论,或者报酬递增的经济学理论,都在各自所在的学科领域获得了一定程度的认同。这表明这些思想或者理论观点,或者实践操作,在它们所在的学科领域对于经典学科的思想、观点、概念和理论产生了影响、作用和冲击。事实上,工程技术使用的正反馈、经济学使用的报酬递增和路径依赖,与混沌学上对初值的敏感依赖性概念,都是以不同术语讲述的同一事情

---

　　① 米歇尔·沃德罗普:《复杂》,陈玲译,生活·读书·新知三联书店1997年版,第37—58页。

在不同领域的表现。其共同性是微小的差异被迅速扩大，然后锁定了事物所走的道路。然而，对工程技术我们不能说这种效应是"报酬递增"，对经济学我们不能说是敏感依赖性，对混沌理论我们同样无法运用"正反馈"准确地表达混沌的特性。

（三）涌现概念在科学哲学说明中发挥了什么作用？

鉴于还原论的说明出现了一定的问题，复杂性理论研究中的涌现概念出现后成为一度获得具有科学说明资格的重要概念。涌现诉求复杂系统动力学更具洞察力的说明，而不是建基于单独部分组成的分析说明。因此，说明中包括涌现建构观点，包含着涌现现象既不是可预知的可推论的，也是不可以还原为部分观点。涌现的说明相当于采纳系统动力学的说明方式，按照部分的低层次对于解释系统行为是不够的方式进行说明。但是，除了陈述这个之外，涌现建构的说明还能给我们带来什么更多的收获呢？为了回答这个问题，我们必须紧紧围绕涌现在科学说明中的实际作用来进行。

事实上，涌现的功能并不更像传统科学哲学说明的那样，而是一种指示展示在宏观层次上的模式、结构或者性质的描述性术语。例如，人们通常把在贝纳德系统中看到的六角形对流元胞认为就是涌现现象，因为它们是高层次模式的表现，反映了全系统的相互关系，而不是反映在系统低层次的组分上。称这种对流元胞为涌现就是把它安置在可以适当说明进行下去的层次上。这个说明于是就会引起特定的、更高层次的定律从而进一步阐明了涌现现象。在贝纳德元胞的境况下，这种说明成分中将包括确定促成涌现的远离平衡态的条件，测量发现在元胞内的相互关系，或者，换句话说，确定涌现层次的"序参量"，已经等于进行了令我们放心的说明，帮助我们理解了这令人吃惊的事件。

诉求涌现需要进入宏观层次，确定它唯一的动力学、定律和性质，以便更充分地说明正在发生了什么。涌现的建构因此就是建立一种说明的基础，而不是它的终点。原初涌现论者破坏了这个论旨，因为他们并没有接近足够带给我们涌现现象的那些过程种类，它们不得不把某些东西指派为涌现而已。而复杂性理论可以进一步去研究那些未被确定和覆盖的包括涌现现象在内的各种事情。也就是说，复杂性理论是一种发展中的工具、方法和呈递涌现过程建构的东西，它很少神秘，因此也很少倾向于标签那种"奇迹"。

在以涌现作为说明时，涌现说明面临的一个问题是，涌现只是临时的表面现象，还是自然世界以及社会现象之深层的一种演化特性？

由于涌现进化论的强盛，针对涌现的标准批评一直以来就认为，这个概念并没有提供比临时境况更多的东西，它完全是认识论上对任何一种来自微观层次的确定性到宏观层次性质的流行理论的不充分性的承认。当一个更好的理论沿着推论和还原涌现现象到其微观层次的过程时，诉求涌现将不再必要，因为这个更好的理论将能够预言。对于迄今为止我们仍然所知不甚充分而最终会知而言，涌现因此变得正如一个暂时的标记。

现在要问，是否真的会出现某种更好的理论，使得原初的涌现论描述和说明过程时，有这样的例子吗？一个例子是量子化学的构成理论，它按照反应物微观确定的术语说明了混合物的性质。事实上，量子结合的理论发展是导致原初涌现论死亡的因素之一。

然而，需要指出的是，并不是涌现本身存在问题，而是涌现论者所使用的例子有问题。因为如果我们让奇怪吸引子作为涌现现象的例子，那么至少有数学定理支持这种特殊涌现的不可预知性。这里，涌现的一个范例就可以用来辩护它本身，以反对说它有一天将变成全部可以预言的观点。

事实上，在仿真中（例如生命游戏）涌现的研究就揭示了一种不可预言性，它使涌现第一次被真正观察到。其后，涌现的不可预言性就变得越来越大。在复杂性理论中，有对可预知性的某种极限，人们不得不以非分析解释复杂系统的非线性，这就是在每一个进化的轨道上涌现现象的差别。按照效果看，似乎对于涌现的涌现没有终结。因此，涌现的不可预知性将永远与可预见性共存在说明之中，涌现说明中也总是有临时性观点的影子。当然，类似于量子力学中的不确定性原理的作用，在复杂性理论研究下的复杂系统的非线性引入了某种程度的不可预知性，在原则上它将无法完全产生越来越多的探查。

涌现说明处于科学说明的何种地位呢？

传统物理学说明不了涌现结构，因为并不存在定义和规定如何测量自然结构的物理学原理。然而，传统物理学主要是去探测完全的秩序或者完全的无序，而居于有序中间的部分却被遗漏了。但是恰好这个中间部分就是涌现的地带。作为结果，由于缺乏足够抓取涌现的理论框架，涌现成为一种本体论上对秩序的干涉，而不是秩序本性的说明。现在，我们认为，从以上的陈述中实际上已经透露出一个信息，即涌现可以在无序和有序之间的地带发挥说明作用，不是干涉，而是本性的说明。复杂性理论以混沌的边缘这样的隐喻说明涌现现象是不够的,在涌现说明背后要补充大量的背景知识,至少是目前涌现说明应该注意的。孤立成分的行为信息对于确定复杂系统行为是不充分的。除了孤立的系统行为之外,我们需要组成的规律。这是一个重要的观点,因为以往建立在涌现上的说明经常忽视这一事实。

涌现如何具有产生自我维持机制的潜能,以便把它从主观印象、偶然新奇或者纯粹的随附性现象中区分出来。正如在复杂性理论正在成熟的领域,我们期盼着运用更多的洞察力进入涌现的本体论/认识论论旨。而现在,我们仅仅需要仔细对待我们对于涌现现象的认知,不断地问在我们眼界中看到的模式如何,而不是问我们想要看到的模式如何。这表明复杂性研究的涌现问题研究越来越多地具有实践性的成分。

二、科学知识的地方性特性:
复杂性研究提供的支持

理论优位的传统科学哲学由于其理论优位,因此必然把科学理论认为是一种普遍性知识,相比实验等实践活动,理论被认为是具有至高无上的地位。甚至对科学理论化的强调完全离开了我们对世界的实践性介入。查尔斯·泰勒(Charls Taylor)就认为,"理论性理解旨在获得非参与性的视野"[1]。这种非参与的观点造成

---

①　Hollis,Martin and Steven Lukes, *Rationality and Relativism*, MIT Press, Cambridge,1982,pp. 87-105.

了科学哲学家严重脱离了对科学家实践工作的考量,甚至脱离了科学理论与实验的关系,去"闭门造车"的逻辑和理论地建构"孤独的科学哲学理论"。这种理论性理解的传统科学哲学一开始就把科学知识认定为普遍性的知识。传统科学哲学历来把知识的抽象获得过程视为普遍化的历程。即认为,存在一种科学知识从地方性到普遍性的过程,最后的科学知识一定是普遍化的,这个过程被称为去地方性的和去语境化的。它包括三个方面:科学对象主题化、科学对象去地方化、科学目标的非索引化。① 无论他们是把知识看作活动还是体系,都是如此。科学实践哲学与这种观点有重大区别。科学实践哲学认为,无论何时,知识都具有地方性。表面上,被传统科学哲学视为知识的普遍化过程,实际上是一种地方性知识标准化的过程。事实上,真实的科学经常是内在不一致的,在缺乏一致说明和解释时,科学知识并非不存在,而是存在于使用具体范例的境况和能力中。例如,目前的复杂性研究就是如此。

在复杂性研究中,有两个最为典型的案例能够强烈地反映知识地方性特征。第一,在关于复杂性的概念研究方面,复杂性概念极不统一,其中复杂性概念有 50 多种(且不说那些隐喻性概念的强烈隐喻性质与各自创造的地方性语境,即便按照我们的分类,也有九个种类之多),这些概念都带着强烈的学科背景(如计算复杂性、算法复杂性、兰帕尔-齐夫复杂性概念、路径依赖、适切景观等概念)、创造人和构造特性,实践建构的特征极为明显。第二,在这

---

① 劳斯:《知识和权力——走向科学的政治哲学》,盛晓明等译,北京大学出版社2004年版,第四章。

些概念中,不算那些还在为争取科学资格的概念,仅就科学概念而言,有典型冲突的,主要是科尔莫格洛夫复杂性概念和盖尔曼提倡的有效复杂性概念,大多数科学家在研究中遵循了科尔莫格洛夫复杂性概念的定义,而一些科学家在直观上同意盖尔曼的有效复杂性概念,认为复杂性不是随着随机性越大而越大,而是介于随机性和规则性之间的某个位置。我们在前文中已经证明存在着对于随机性和科尔莫格洛夫复杂性的误读。科尔莫格洛夫复杂性建基的随机性是不可压缩性,而不是以往的随机性。即便是以往的随机性,也存在三种随机性,它们可能指结果,可能指过程,也可能指产生随机性的方法。除去这些误读,科尔莫格洛夫复杂性与盖尔曼的有效复杂性概念之间还存在一些重要差异。盖尔曼有效复杂性概念通过物理学上的凸函数和深度概念有所表达。两者呈现的是不同的,而且两者都存在合理性,在各自的说明上都是有效的。

在复杂性研究中,有一个实践性介入的地方性特征是非常明显的,即理论不再被视为相互关联的语句或概念之网,而是被视为可拓展的模型(回到前面关于复杂性概念、隐喻和模型的讨论看)。在复杂性的科学研究中,人们不是首先学习复杂性的理论表征内容(还不是理论表征内容),然后把它运用到特殊的情境中。相反复杂性研究的理论模型完全根植于对于典型问题的标准的、范例性的解决方案中。比如,计算复杂性理论是由递归问题、图灵机问题的证明定理和 NP 问题等所组成;人工生命的研究是由一系列关于元胞自动机、遗传算法的典型范例所建构起来的。这与库恩关于范式是范例的观点是一致的。从这种观点看,理论不过是人们学着如何去使用的工具,同样,就像劳斯所说,理论就是……通过类比可以得到拓展的一组具有松散联系的模型。[①]

在关于科学知识地方性的说明中，处于地方性、物质性和社会性语境中的技能和实践，对所有的说明、理解和解释而言都是非常重要的。库恩在说明范式时这样做过，劳斯也这样认为。我们在这里同样发现，在复杂性研究中，科学家正是如此这样做的。来看看对复杂性研究有过重要贡献的美国圣菲研究所的科学家的工作，就能够充分理解以上新的科学实践哲学的观点。这些科学家的研究工作和所走过的道路表明，所有知识的建构都具有路径依赖的特性，这也是一种知识地方性依赖的特性。

例一，阿瑟的研究。

圣菲研究所的阿瑟（本科学习机电工程专业，博士学习运筹学，并转而学习经济学）从对经济学过分数学化和过分追求均衡的不满意中寻找经济学的不稳定性从而对经济复杂性进行了大量的研究，他通过阅读生物学、物理学那些与主流思想相悖的文献（如自组织思想）和思索大量实践性案例（如 QWERTY 键盘、VHS 与 Beta 竞争、汽油机车与蒸汽机车的竞争、轻水反应堆，甚至还有顺时针钟表与逆时针钟表等）中走向复杂性，他主动地从经济学追求数学公式计算的说明方式退到简单明了的日常语言的叙事说明方式上，这样他得到了"报酬递增"的概念。另外，在对现实问题的经济学实践活动也极大地推动了他的复杂性研究，因为阿瑟通过对孟加拉国的人口问题的实践调查研究，发现了过分数学化的新古典经济学对于解释社会经济的发展或者演化很少有益，"经济学，

---

① 劳斯：《知识和权力——走向科学的政治哲学》，第 88 页。

就像任何历史学家和人类学家可以告诉人们的那样,是与政治和文化紧紧纠缠在一起的"[①]。阿瑟的这个实践性介入的经历,逐渐让他得到了这样一种科学是地方性知识的观点。比如,对他所调查了解的各个国家的生育问题,"他开始把生育问题看作是在特定的社会习俗、神话和道德惯例下形成的、具有自我连贯性的特有形式的一个部分。而且,每一种文化都有不同的特有形式"[②]。

　　阿瑟的经历对于我们的科学哲学而言,产生了两个积极的意义。第一,是叙事方式的转变。一个成功的经济学家主动从数学公式转向简洁的叙事隐喻说明。第二,科学知识的地方性特征与文化的相互缠绕特性,被一个经济学家在实践性参与中所领悟。反面的启示是什么?我们的科学哲学家太少直接介入科学活动中,哪怕是作为一个旁观者,像科学知识社会学家拉图尔那样,他也不会只相信一大堆公式就是生活本身。

　　例二,复杂性科学名称的实践性社会磋商诞生的过程。

　　让我们再以复杂性科学这个作为科学家研究对象和任务的特定名称的诞生为例,来看看科学研究的行动和实践特性,看看科学研究中科学家互动产生的地方性知识的碰撞和整合境况。按照沃德罗普的观点,复杂科学的名称是经历了一段相当长的时期,才找到这个合适的名称来表达在圣菲研究所诞生前的一段组建过程的跨学科整合研究的。不同学科的学者在组建这个学术研究机构的主旨方面,开始是有不同的意图。比如,彼特·卡罗瑟斯(Pete

　　① 米歇尔·沃德罗普:《复杂》,第18—20页。
　　② 同上书,第20页。

Carruthers)是出于非线性研究的重要性而希望建立一个跨学科中心的；尼克·麦特罗博利斯(Nick Metropolis)是从计算机的研究出发而愿意从事复杂性研究的，但一开始，"不幸的是，唯一的问题是每个人都有不同的主张"①。在最关键的也是最根本的问题即这个研究机构究竟应该研究些什么上，"麦特罗博利斯和罗塔持同一种观点。他们认为这个机构应该完全致力于计算机科学。……但卡罗瑟斯、潘恩斯和其他大多数人对此持不同意见。……但是，见他的鬼，难道我们要创建另一个计算机中心？……创建这个机构的意义应该远远不止这些，即使他们现在还无法准确地想出它究竟应该是什么样的。而这正是问题所在"②。

打破争论僵局的是盖尔曼，他的诺贝尔奖获奖人的身份和善辩的才能对于研究机构的复杂性研究主旨的确立是一种作用，但更为重要的是，他对科学研究各个领域的广博的热爱和深邃鉴赏力，是抓住问题的最重要的力量。1983 年的圣诞节后，在未来的圣菲研究所如何筹备和建立的一次会议上，被请来的盖尔曼力排众议，扫清了一切障碍。他告诉他的同事们，狭隘的观点不够宏伟。"我们必须给自己制定出一个真正宏伟的目标。这就是面向呼之欲出的科学大整合——这一整合将涵盖许许多多的学科分支。"他也认为，必须选择那些巨型、高运速、强功能的计算机能够辅助的主题研究，他的发言镇住了所有听众。他以雄辩的、令人不得不信服的口才清晰地阐述了考温和大多数资深研究员近一年来

---

① 米歇尔·沃德罗普：《复杂》，第 89 页。
② 同上书，第 89—90 页。

想表达清楚的意思。① 这样，复杂性研究所建立的研究主旨才初步确定下来，请注意，这时复杂性的名称仍然没有出来，当时仍然以"科学大整合"为题，来召集科学家参加讨论和研究。

在一个研究所建立以后，他们以为第一要务是召开一个"学科大整合"的研讨会。为了这个研讨会，研究所的负责人和资深专家如盖尔曼、考温等人，先通过争论和研究，提出了一个名单。这个名单里的人物，不是那些与世隔绝的学者，不是那类把自己关在办公室里写书的人，而是能够沟通、有激情、需要相互之间产生知识的激励的人，是在各自领域已经显示出真才实学和创造力但又思想开通、易于接受新鲜事物的人。当然这样的人即使是在举世瞩目的科学家中也十分稀少。通过盖尔曼的推荐，潘恩斯和安德森（诺贝尔经济学获奖人）也推荐了几个人。他们后来发现，这个名单是"一个令人吃惊的杰出人才的名单"，囊括了杰出的物理学家、人类学家和临床心理学家。②

研究所召开的两次讨论会，由于精心准备，"学科整合"已呼之欲出，因此不仅备受欢迎，而且颇有成果。许多参加会议的科学家深感各自所面临的领域中存在大量共同的问题，一旦仔细观察和推敲，弄懂了各学科的术语，就突然发现大家多么需要沟通和共同研究。特别是创建期的研讨会证明，每一个问题的核心都涉及一个由无数"作用者"组成的系统，这些作用者也许是分子、神经元、物种、消费者，或者甚至是企业。但不管这些作用者是什么，它们

---

① 米歇尔·沃德罗普：《复杂》，第 90—96 页。
② 同上书，第 98—109 页。

都是通过相互适应和相互竞争而经常性地自我组织和重新组织，使自己形成更大结构的东西。……在每一个阶段，新形成的结构会形成和产生新的突然出现的行为表现。换句话说，复杂，实质上就是一门关于突现的科学。这并不是一个巧合，而是讨论进行到某个阶段，这个整合为一的新科学才产生了一个名称：复杂科学。[①]

复杂科学名称的诞生历程，非常清楚地告诉我们，通过科学家的讨论、社会协商和竞争，学科的研究主题、社会建制和运行才获得了实践性的建立！我们这里不是讨论学科建制的社会学问题，我们所要进一步明晰的是，一个复杂科学名称这样的最具有整合意义的概念是如何通过科学家的智力风暴的叙事过程，通过科学家在组织自己的研究机构而关心的研究主旨的确立过程中怎样从没概念、不清晰，到有不准确的概念、逐渐清晰，再到完成清晰的概念的，一个研究概念的确立经历了怎样的实践历程。直到有一天，一个科学家在所有的热烈争论中突然涌现出一个"词汇"，于是许多在场的科学家"被镇住了""被说服了"。这就是为什么，在不同的文化中可能都存在某种概念的先前思想，然而，一个真正的科学概念的诞生却需要某时、某地和某人的实践介入性的催生。DNA双螺旋结构模型在卡文迪什实验室诞生，而不是在其他地点诞生，复杂性概念在圣菲研究所诞生而不是在其他研究所诞生，都进一步表明了所有科学知识的产生需要特定的实验室、特定的研究方案、特定的地方性共同体、特定的研究技能。

---

① 米歇尔·沃德罗普：《复杂》，第112—115页。

科学知识及其活动一定是地方性的。所谓科学知识的普遍化不过是从一个地方转移到另一个地方而已,其转移应该被理解为通过标准化走向另一个地方。

三、多样性和反对现代性叙事: 后现代的复杂性研究

我们知道,复杂性的研究本身在多个方面都采取了多样性或者多样化的研究态度、方法和立场。如果从科学哲学方面看,这种立场至少在现象上是一种机会主义的立场。而机会主义的立场从本质上看是反本质主义的。

复杂性科学研究的多元化局面不是权宜之计,不是科学发展的暂时阶段。我们在观察、研究和建构复杂性科学研究的过程中,所看到的是从事复杂性研究的各个思想、方法和概念的相互竞争,以及各自在不同的学科领域的很好发展。这不是表面上的复杂性研究的战国时代,而是真正的复杂性研究的"百家争鸣"时代。无疑,这给我们一个很好的启示,即不能拿传统科学发展过程来类比,因为似乎同样存在这么一个阶段来类比复杂性研究的这个阶段。因为这样类比,我们就会以为这个阶段也是传统科学发展的一种不成熟的表现。而把复杂性研究发展的百家争鸣阶段视为暂时的阶段,这实际上是表征主义的观点。从科学实践哲学观点看,复杂性的这种研究态势可能是复杂性研究的永久性特征,而这种特征恰恰是科学知识地方性的标志,是科学实践优位的反映。

反映这种地方性特性的第一个特征是复杂性研究存在多个进

路。例如,系统科学进路、非线性科学进路、学科整合进路、数学研究的计算复杂性研究进路、博弈论研究进路等。如果整个科学的各个学科在经历了后现代思想的熏陶后,仍然能够在分化和统一的不同张力中不断前进,那么复杂性科学研究的各个进路也不会统一成为一个具有支配性的进路,而排斥其他的进路。

复杂性研究的第一个进路是系统科学的进路,在经历了1940年代的系统运动后,人们曾经希望以系统科学统一各个学科,然而,这场系统运动留给后人的学术遗产只是提供了学术研究的一种更为综合的思维方法和视角。而且,我们看到,系统运动的后续结果是更加分化了,比如后来产生了耗散结构理论、突变理论、超循环理论,这些理论仍然是各个不同学科中的理论,不过与传统科学不同的是,它们的视角具有一致性,研究的内容在抽象的意义上具有一致性,譬如都是研究自组织系统的存在与演化。

我把系统运动总结为三波运动。

第一波是系统存在和结构主义运动。自20世纪40—50年代一般系统论、控制论和信息论诞生以来,对所谓这个系统科学的"老三论"的哲学研究曾经主要集中在系统本身的哲学问题的范畴研究上,如系统与元素、结构与功能、信息与控制、系统与环境等,这可以说是对早期系统论科学理论研究的第一波哲学探索。如果对其概括的话,这次研究的主要取向可以界定为对系统存在范畴的哲学探索。此外,这个浪潮还夹带着对系统科学方法论的高度重视和崇拜而展开。大量的系统科学及其哲学的具体运用在各个领域均能充分反映出这种系统实践。

第二波是系统演化和历史主义运动。自20世纪70年代耗散结构理论、协同学、超循环理论等系统科学理论诞生以来，对系统科学理论的哲学探索又掀起了一个新的高潮，其研究焦点则主要集中在系统演化的条件、动力和途径方面，这应该是对系统科学研究的第二波哲学探索。如果进行概括的话，这第二波系统哲学研究可以概括为对系统演化范畴的哲学探索。在这轮研究中，提出了若干重要的哲学范畴，如平衡与非平衡、无序与有序、可逆与不可逆、竞争与协同、线性与非线性、自组织与被组织等。另外对涨落、随机性等偶然性也给予了重要关注。历史因素、演化因素的渗入，使结构、综合和历史轴线两个维度呈现立体图景，给系统科学及其哲学研究带来了新的活力。这次系统运动对系统演化的条件、动力、途径问题给予了高度重视。

第三波是新系统后历史主义和后现代主义。20 世纪 90 年代以后，随着系统科学理论新的发展和非线性科学研究的展开，一些新的理论诞生了，如出现了混沌理论、分形理论和复杂适应系统的研究理论。特别重要的是，随着对系统科学哲学探索的深入，研究问题的重点已经转移到对如信息本质、复杂性演化的本体论、认识论和方法论若干重要领域和问题研究上。那么，如果可以概括的话，这是以复杂系统的相互作用关系和瞬时变化为主线的对系统存在与演化关系，以及复杂性新范畴的哲学研究和各个领域应用的认识论和方法论研究。我们把不再注意系统结构，甚至主动解构结构，并且特别关注系统内部的瞬态以及破碎、混沌的性质和关注系统信息测度及其不可度量问题的新趋势称为新系统后历史主义和后现代主义。

我认为，新系统后历史主义关注的重点变化，使系统主义的基点产生了一定的问题。首先，当我们言说"系统"这个概念时，是指它具有可以说明的内部稳定结构，如果我们以混沌理论和分形理论作为新系统理论，那么这两个理论确实阐发了如果还可以被称为系统的新特性，如"确定性系统的内在的类随机性""系统演化对初值的极端敏感性""历史性的路径依赖"等。这样就使系统不再是稳定不变的有固定结构的系统。换句话说，原来成为确定性的系统，在一定的条件下可以进入混沌状态，在混沌状态下我们这时很难在确定的时空确定这个原来的系统。它不仅随着时间在演化，而且伴随起点和边界条件的改变随时在改变，两个相差很小的初值可以获得完全不同的演化结果，这使对系统所谓的演化预测变得完全不可能。结构也被进一步解构。

其次，造成演化的机制不仅可能是系统的要素，要素之间的相互联系、影响和作用不仅可能是系统与环境的关联，以及系统内外子系统之间的相互作用，而且可能还有我们过去没有给予重视的瞬态的变化性。这些关联可能随时都在变化，从而产生了几乎无穷的不同程度，不同种类的新的瞬时性的关联和作用，从而产生了系统的千变万化。但是这样一来，系统的问题仍然无法进行分析，几乎可以确定的是，所有分析都会固化瞬间的系统，因此是无数系统状态中的某个状态的系统。这给了我们一个极好的启示，不仅在时间上，而且在同一空间点，所分析的系统状态是无法重复的。既然无法重复，那么分析的思维和方法就出现了问题，而叙事的方法则发挥起重要作用。

复杂性系统研究的进路在 21 世纪初明显地开始介入到具体的实践性系统，如人工生命系统、生态系统、经济系统等。一方面，它解构了大而全的极富结构的传统系统，研究瞬时的、动态的系统。不再构建抽象的系统体系。另一方面，即便不理解复杂性的演化机制，它也实践性地介入，先通过行动模拟着复杂性的过程，而不是理解了才行动。复杂性研究在系统进路上不再追求宏大体系。追求宏大体系是现代性的特征之一，不再追求宏大体系，可以被视为走向后现代的特征之一。

这种境况在复杂性研究的后来进路上表现得更为明显、突出。

从第二个进路开始，复杂性研究就不再是个别英雄的事情，而是多个智者的集体实践功绩。例如，混沌研究是以美国气象学家洛伦兹的"蝴蝶效应"的发现为标志（这个发现也是通过计算机模拟实验做出的）。但是，它是多个学者及其不同领域的研究所推动而形成的。李天岩和约克的数学迭代方程计算的实践发现了周期三则混沌的现象。梅（May）的生态学研究实践给出了生态学中对于初值的敏感性依赖的特性，并且找到了马蹄形迭代的"面包师变换"的操作方法。正是由于多个学者、多个领域的同一主题的实践，使"混沌"声名鹊起，为学术界和世人所认同。

复杂性研究的第二个进路是非线性科学研究进路。非线性科学源自 20 世纪 70 年代后期，主要包括混沌研究、分形研究、孤立子研究等。最早它是通过借助非线性方程的解来理解非线性系统的演化。但是由于可解的非线性方程凤毛麟角，人们对非线性的认识因此一直不够深刻。计算机科学和技术发展后，自然界的大量非线性现象得到了一定程度的新认识。科学家通过大量的非线性现象的实践，才逐步发现了事物演化过程中对于初始条件的依赖，历史进程对后续演化的影响揭示，以及小效应产生放大后果的境况。对这些问题和境况的揭示，极大地冲击了传统的经典的科学范式，揭示了许多传统方法的无能为力。

非线性科学的重大进展是受到科学实践直接的和强烈的推动的结果。

例如，分形研究是数学家曼德布罗特（B. B. Mandelbrot）做出的成就。曼德布罗特在研究中深刻地从对原有的几何学和几何学家们严重脱离大自然的实践的批判开始了他的实践性的新几何学研究。在他的《大自然的分形几何学》中，到处散见几何实践的痕迹。他在该书开篇就指出，"为什么几何学常常被说成是'冷酷无情'和'枯燥乏味'的？原因之一在于它无力描述某些云彩、山岭、海岸线或树木的形状。……更为一般地，……自然界的许多图形是如此地不规则和支离破碎，以致与欧几里得几何相比，自然界不只具有较高程度的复杂性，而且拥有完全不同层次的复杂度"[1]。几何学的"冷酷无情"就是几何学家脱离自然实践的必然结果。他们不面向大自然，把大自然的丰富图形置之脑后、视而不见。而曼德布罗特则开创了几何学家直接学习大自然的先河。就像库恩所说的范式不过是科学家指导研究的范例一样，在这种新学科诞生的开始，这种范例的出现是极为明显的。在《大自然的分形几何学》中，在开篇的第一章曼德布罗特就给出了一个科学范例集。[2]这启示我们，当一个学科的理论在实践基础上完成后，科学家常常可能把不够"规范"的范例集改写为概念、命题和定律的理论集合，

---

[1]　曼德布罗特：《大自然的分形几何学》，陈守吉、凌复华译，上海远东出版社1998年版，第1页。

[2]　同上书，第2—4页。

并且抹平了它们之间不适应的方面。理论研究的实践维度就这样被科学家赶出了科学殿堂。而后来的类似科学哲学这种二阶的研究，就以为科学无需实践，因此才促成了理论优位的境况。

复杂性研究的第三个进路是圣菲研究所的学科整合性质的多种复杂性现象研究。这个进路是自觉进行复杂性研究且运用了科学建制力量的集体性研究。这里产生了大量的各个领域的复杂性现象研究的结果；遗传算法的建立、各类元胞自动机的形成的各自人工生命在计算机上的实现是这里的成就；自组织临界性的发现是这里的成就；报酬递增的新的复杂性经济学的结论是这里的成就。正是这种多样性的复杂性研究造就了复杂性的多样性。结果，适应性造就复杂性，成为圣菲的名言之一，成为复杂适应系统的一种别称。而"混沌边缘"产生复杂性，也是圣菲的名言，并成为圣菲的标志之一。正是这个进路使复杂性研究的多样性被反映得淋漓尽致。

复杂性研究的第四个进路是数学的计算复杂性理论研究进路。数学从来就是关于形式和空间的最为抽象的学问。然而，正是通过对数学中实际问题的关注，比如旅行商的问题、叠梵塔的问题、NP问题，才推动了计算的复杂性研究；也正是通过对更为实践性构造的图灵机的研究，才发现了图灵机的问题。这些著名的问题及其解决的研究构成了计算复杂性的实践和理论研究的强大动力。

第六章　复杂性的社会论研究

本章我们讨论两种复杂性的社会论问题。其一,在 SSK 的意义上研究复杂性的知识社会学互动和实践问题,研究在复杂性研究的群体的互动对于复杂性知识的地方性特性所产生的影响。其二,是复杂性研究应用于社会各个层面的问题、意义等。

一、SSK 和科学实践研究意义的复杂性的社会探索历程

以往我们对一种科学思想的诞生或者发展常常采取必然性和普遍性的观点,即认为科学知识诞生或者发展的社会条件或者思想条件只要成熟,某种科学知识就必然会获得发现,至于它在何时、哪里诞生、由谁推动或者在哪里获得发展则是偶然的,因为科学知识不是地方性的,而是普遍性的,是与任何地方和场合以及发现者无关的。因此,特别是这种偶然的条件、地点和谁发现对于科学知识而言都是无关紧要的。

科学实践哲学的发展,让我们开始重新考虑这种观点。在科学实践哲学看来,某种科学知识的诞生或者发展,是与其具体的境况——特定的人、特定的地点和特定的条件——关联在一起的,是

路径依赖的。按照传记《复杂》，圣菲研究所的复杂性研究，就是一种 SSK 意义上的社会磋商、集体竞争和合作达成共识与科学家通过各自的实验室特长进行复杂性研究的建构结果。

我们先看一个特定的学者，然后再看一个特定的学术研究机构的建构过程。

阿瑟在圣菲的复杂性研究所建立之前就已经获得了经济学复杂性的认识，他为具有复杂性品格的"报酬递增"概念而与经济学主流的科学家在苦苦争斗，却多次陷落谷地，使其信心倍受打击。但是在他加盟圣菲研究所后，"报酬递增"的待遇大为改观。为什么？因为圣菲研究所不仅给他提供了研究场所，而且提供了与他旨趣相投的不同研究方向的科学家交流的机会和场所，使得他的想法能够进一步成熟、完善和更富有生命力，而在其他地方他很难实现和完成这种创造。由此可见，某个地点、场合对于某类科学知识的产生和发展的确具有特定的作用和影响，某种特定群体的集体磋商的确是某种特定学术思想、概念建构的磨砺石。

圣菲研究所在建立之初几乎走入歧途，为什么盖尔曼出现后情况大为改观？如果反过来问，如果当初没有盖尔曼，圣菲研究所会是什么样子？也许会成为麦特罗博利斯和罗塔所希望的、应该完全致力于计算机科学的研究机构。也许会成为一个什么"学科综合研究中心"？正如我们在第五章第二节已经讨论的，复杂性科学名称的建立是一个科学家讨论和交流后自然达成的结果。但是这个自然达成的过程是多么地充满了磋商、合作、冲突、曲折和戏剧性啊？！假如没有盖尔曼，假如没有安德森的加盟，前两次的科学整合讨论会就不可能那么成功；假如这两次讨论会不成功，人人都失望而归，那么学科整合的意愿无法达成，"复杂性科学"就无法呼之欲出。这就像关于"一个蹄铁最后导致一个国家灭亡"的民谣一样，其结果完全可能是"差之毫厘，谬以千里"。这样看来，一种科学知识的确立，一种研究方式的建构，确实存在 SSK 意义的社会建构作用。这种建构是积极的、建设性的。

在复杂性知识的社会建构过程中，圣菲研究所作为复杂性知识产生的实验室，发挥了十分重要的作用。圣菲研究所在建制运行方面，先是遇到名称被当地一个疗养院机构占先的问题，他们的研究所只好起名为"里奥格兰德研究所"。不要忽视名称的问题，我们中国人一直在说，名不正则言不顺，言不顺则事不成。后来，名称问题解决了，圣菲研究所有多么响亮而且好记。然而，一波未平一波又起，接着又遇到盖尔曼作为董事会主席却缺乏行政能力的问题，他对于主持制定或者指导研究规划在行，而操持具体事务则不行。一个学术组织的社会运行如果出了问题，那么以这个组织为基础的学术研究便都成了问题。因此，按照《复杂》，把盖尔曼换掉是考温和他的小组所施的巧计，而且他们"施巧计消除了与盖尔曼之间的一场潜在的爆发性危机"[①]。

以上所涉及的还是学术的社会组织运行的问题，和科学知识社会学更为直接关联的是知识的社会学属性问题。这涉及研究方向的确立过程、研究内容的确定和发展等，这些问题直接联系着科学知识的社会学属性和社会学运行过程。

通过传记考察，我们认为，圣菲研究所的复杂性研究方向的确

---

① 米歇尔·沃德罗普:《复杂》，第 116 页。

立过程是一个讨论、磋商和相互竞争与合作的演化过程。圣菲研究所的研究方向一开始就明确了吗? 不是。在圣菲创始人考温试图建立这样一个研究机构的时候,他只是对传统研究机构比如实验室、大学科系不能从事跨学科研究、整合研究而感到失望。对没有一种社会建制能容纳这种跨学科的、整合学科的自由研究,他思考着他理想中的这个研究机构是一个新型的独立研究机构,最理想的方案是这个机构能够同时具备两个世界的长处:既有大学的广博,又能保持洛斯拉莫斯融合不同学科的能力。

　　更具有意义的是,这个机构是很具地方性特征的,它碰巧需要洛斯拉莫斯,是因为这个提议建立它的创始人考温来自洛斯拉莫斯,熟谙洛斯拉莫斯的风格,而且它若能够离洛斯拉莫斯不远,可以使用洛斯拉莫斯实验室的人力和计算机设备。圣菲因为离它只有 35 英里而被挑选出来。当然最重要的是,这个机构必须是一个能够吸引最优秀科学家的地方——那些在自己的研究领域真正知道自己在说些什么的人。这个机构要能够为他们提供远比通常更广阔的学科内容。这个机构应该是这样一个地方:在这里,资深学者可以探究自己还不成熟的想法而不被同事们所讥笑,而最优秀的年轻科学家可以和世界级的大师们一起工作,使他们满载而归。总之,这个机构应该是一个培养自第二次世界大战后已经非常少见的科学家的地方:"培养二十一世纪的文艺复兴式人物。"[①]这样的思想的实现仅仅是一个认识论的,而没有社会学过程是无法实现的。

---

　　①　米歇尔·沃德罗普:《复杂》,第 83—84 页。

但是,谁会相信他呢？谁会资助他,使这个想法付诸实现呢？然而,考温与他的两个朋友谈了这个想法,他们没有笑话他,这使他把这个想法提交到洛斯拉莫斯的每周中餐讨论会上,结果那些资深研究员喜欢他的主意。至此,这个想法才在这个时候、这个地点浮出水面。而且,在这个时刻,一些资深学者也开始从自己的研究领域朦胧地感觉到或者深切地感觉到是该到了研究复杂系统的时候了。比如,卡罗瑟斯就认为复杂理论应该是 21 世纪的科学的下一个推动力(当然,那个时候,他们还没有复杂理论这个概念)。有的学者(如资深研究员、天文物理学家斯特林·科尔盖塔)则出自要提升某个大学水平的考虑而支持这种动议,有的(如资深研究员尼克·麦特罗博利斯)则出自发展计算机的重要性。科学家的各种想法在公开和私下场合不断碰撞、冲突和磋商,学科整合的方向随着科学家的想法之间的竞争而不断摇摆。

最关键的也是最根本的问题是,这个研究机构究竟应该研究什么？前文指出,有学者力图使这个研究机构成为研究大型甚至巨型计算机的研究中心,有学者认为研究任务可能要比这个更宽、目标更高。而诺贝尔奖得主盖尔曼则能够力排众议,说服大家,并且使学者深深觉得他们赋有重要的历史使命。

研究主题从模糊的"新的思维方式"开始,经过科学家的争论,逐渐开始清晰。几次讨论会进一步激发了大家走向更清晰的观点。先是学科整合的观点,而后是"混沌科学",再后是"突现"科学,最后确定到"复杂科学"上。

研究主题确定后,从哪里介入复杂性的研究实践,才算真正的研究开始？这仍然是个问题。也许既具有戏剧性又具有路径依赖性的是,这样的复杂性或者复杂系统的研究没有大量资金支持是根本不可能进行的。然而,就在研究所四处寻找支持时,一些大型公司也在为经济预测而深感头痛。经济系统无疑是复杂系统,这样的系统的运行往往远远超出经典经济学家的预测能力,不是这些经济学家的能力有问题,而是他们的经济学建立在简单性的过分简化模型基础上,因此那些模型即便有巨型计算机支持也无法得到突变的经济学结果。其中某个巨型公司的总裁(花旗银行总裁)希望得到不同的经济学启发,而发现了圣菲研究所的研究——这种在传统科学哲学看来的偶然因素事实上在这里起到了决定性的作用——他不要具体结果,只要一些新思想,没有时间限制,如果圣菲研究所能够开始这项研究,并一年一年地取得进展就够了。两个方面的需要结合在一起后,双方都深感遇到了挑战。这个经济学需求刺激了圣菲研究所的工作,推进了圣菲研究所的工作。使圣菲除了前两次集中讨论了新的学科整合的思想发展外,经济学家与物理学家对话的讨论会成为圣菲研究所成立以来的第三次重要的讨论会(1987 年 9 月)。而正是这次讨论会,才把阿瑟的"报酬递增"新的非线性、复杂性经济学的思想推到前台。也把研究复杂适应性概念 25 年的约翰·霍兰的"作为适应性过程的全球经济"报告中所蕴涵的"适应性造就复杂性"的思想推到了前台。这次讨论会引起了激烈的争论,双方剑拔弩张,但是除了物理学家和经济学家相互之间的难以沟通、互相所做工作不相一致之外,他们还是发现了他们之间有许多共同的谈资,也存在一些共识。特别是阿瑟的"报酬递增"的那些路径依赖、锁定、非线性、自我强化机制、QWERTY 键盘、可能的无效率、硅谷的起源等概念之叙事,特别是霍兰的关于复杂适应系统的观点，还是获得了物理学家和经济学家磋商下的共同认同。

鉴于经济学需要，霍兰的报告中提出的复杂适应系统更加具有经济学范例，所使用的许多例子和思想类比都是经济学的。但是这没有遮盖住他关于复杂适应系统的主要观点。第一，每一个这样的系统都是一个由许多平行发生作用的"作用者"组成的网络。每一个作用者都会发现自己处于一个由自己和其他作用者相互作用而形成的一个系统环境中，每一个作用者都不断在根据其他作用者的动向采取行动和改变行动。在这个系统中，没有集中控制。第二，一个复杂适应系统都具有多层次组织，每一个层次的作用者对更高层次的作用者来说，都起着建设砖块的作用；并且复杂适应系统能够吸取经验教训，从而经常改善和重新安排它们的建设砖块。第三，所有复杂适应系统都会预期未来。这种预期都基于自己内心对外部世界认识的假设模型上。第四，复杂适应系统总是会有许多小生境，每一个这样的小生境都可以被一个能够使自己适应在其间发展的作用者所利用。而且，每一个作用者填入一个小生境的同时又打开了更多的小生境，这就打开了更多的生存空间。因此，这种系统永远也不可能达到均衡的状态，它总是处于不断展开和转变之中。霍兰到研究所工作这件事也改变了圣菲研究所原来的复杂性系统研究，即把它变为复杂适应系统研究。因为霍兰使得盖尔曼等人突然意识到他们的研究计划有一个很大的疏漏：这些突现结构究竟在干些什么？它们是如何回应和适应自己所在的环境的？霍兰在适应性概念上默默研究了25年，57岁时他才发现这一概念及其丰富之意义。霍兰的计划变成了研究所的计划。

　　上面的范例,告诉我们什么? 思想和概念经历的第一个回合是,经济界的需求通过社会磋商,转化为研究所急需要做的研究项目。思想和概念经历的第二个回合是,研究项目的要求使从事非主流的经济学研究的两个人获得了极好的发挥才能的机会:一个是阿瑟,一个是霍兰。他们其中一个是经济学家,尽管不是主流经济学家;另一个是计算机专家,却长期研究复杂适应性问题。思想和概念经历的第三个回合是,他们的研究反过来适应了当前经济界的需要,圣菲研究所的名声也因此得到发扬光大。从以上思想和概念的历程看,任何具体的研究所产生的科学知识都是具有这种具体特性的,没有什么知识可以脱离开具体场合和特定的人。如果不是霍兰,也许复杂性知识在圣菲的研究就不是复杂适应系统了,而只是复杂系统了。

　　知识就像溪流一样有自己的源泉和流径。用复杂性概念术语说,就是路径依赖,而用科学实践哲学的术语说,就是知识的地方性属性。如果追溯霍兰的思想来源,可以向前追溯到利用计算机程序编程进行下棋的教育背景——电脑下棋的功能正好抓住了学习和适应的某种最本质的东西,可以追溯到 MIT 心理学家利克莱德(J. C. R. Licklider)所介绍的神经生理学家唐纳德·希伯(Donald O. Hebb)关于学习和记忆的新理论。这个理论启发他想利用计算机编程找到细胞集合在随意的混沌之中形成自组织、不断成长,想看到它们如何相互作用,以及心智本身是如何突现的。这种关于神经网络自主运行的编程经过无数次失败最终获得了成功,而霍兰也因此发表了第一篇学术论文。

复杂性研究由于存有一个生动的传记，因而也为我们留下了一种 SSK 意义的和科学实践哲学意义的研究范例。通过复杂性概念、思想和人物研究历程的研究，我们看到了知识的地方性特性，看到了知识演化的路径依赖性和实践依赖性。按照 SSK，这种复杂性研究的历程真的具有自反性，复杂性知识是可以自反地进行分析的。

二、复杂性与社会思潮

"复杂性"（complexity）词汇自诞生之日起，就引起了各种争论。后现代思潮把"复杂性"意义下的科学研究看作自己思潮的产物或思潮合乎时代的证据。而从事一般科学研究以及从事复杂性研究的某些科学家则不同意这个观点。为此甚至爆发了"科学大战"①。那么，究竟"复杂性"科学与后现代特征的关系如何呢？让我们略做一些分析。

（一）后现代思潮的基本特征

后现代思潮或后现代主义思潮是 20 世纪中叶诞生、标榜自己区别于现代思潮的一种思想文化潮流。

一般而言，可以把后现代思潮区分为两种不同的取向。

第一种，人们称之为"破坏性的"后现代思潮。按照车铭洲先生

---

① 索卡尔等：《"索卡尔事件"与科学大战》，蔡仲等译，南京大学出版社 2002 年版，第 1—56 页。

的观点,它被称为"自我解构主义"(self-deconstructism)的后现代主义趋向。[①] 这种思潮取向的独特词汇主要包括分离(disjunction)、差别(difference)、破碎(fragment)、解构(deconstruction)、混沌(chaos)、偶然(happenstance)、自发(spontaneous)、不确定性(indeterminacy)等。

第二种,人们称之为"建设性的"后现代思潮,它的主要词汇与第一种后现代思潮的基本词汇有所不同。它更多地使用多样性(multiplicity)、多元化(plurality)、复杂性(complexity)、模糊性(ambiguity)、连通性(connectivity)、关系(relation)、依赖(dependency)、和谐(harmony)、综合(synthesis)、整合(integration)等词汇。

不论哪一种后现代思潮,其根本功绩是在破坏了宏大叙事的体系化和去中心话语霸权方面。在政治意义方面,后现代主义的积极意义是明显的,它对于西方中心论是致命一击,它提倡文化多样性,重视差别,关注无序和混沌,给不确定性以认识的适当地位。这些都是与正统的传统观念相冲突的。后现代思潮在这一点上至少从思想给了弱势民族、国家和群体以发展的合理性回答。在哲学上,后现代思潮并没有形成自洽的体系,它融合各种矛盾思想一身,但由于它是矛盾的,而越显其具有自反性,它反对宏大叙事,它本身不是宏大叙事,它提倡多样性,它本身就是多样性的。它对任何宏大体系和话语霸权都具有祛魅性,它本身也是祛魅的。因此,完全无法把各种属于后现代思潮的东西统一在一起。

对于科学而言,后现代主义思潮一方面持批判的眼光审视科

---

① 车铭洲:"后现代精神的演化",《南开学报》1999 年第 5 期。

学发展,为科学祛魅。一方面把科学进程中合乎自己思潮的东西拿过来为己所用,其中既有把其思想发挥得淋漓尽致的地方,也有大量误读的地方。特别在第一种思潮取向中,也出现了大量的颓废倾向和表现。例如,许多著名的法国人文学者表现了学术明星对科学大量的极端无知,心理分析学家拉康不厌其烦地谈论性快感,把它当作拓扑学的一个分支,把勃起器官比作是 -1 的平方根;文艺理论家克里斯蒂娃(Julia Kristeva)企图将她的诗歌建立在她一点都不了解的哥德尔不完全性定理上;伊里格雷甚至认为爱因斯坦方程 $E = mc^2$ 是一个性别化的方程,给予的可能是男性的光速最快这种特权。[①] 科学家对后现代思潮最为不满的地方就是后现代思潮力图解构科学赖以存在的客观基础——实在和那种相对主义。我们在比较复杂性科学与后现代主义思潮的关联时,是否承认实在是一个两者重要区别的基本特征。而是否认可相对主义也是复杂性研究本义与泛化了的"复杂性"和后现代的重要区别。

(二) 在科学研究中的"复杂性"概念表现出的基本特征

在被称为"复杂性科学"的群体中,大体上包括如下若干理论:现代系统科学中的耗散结构理论、协同学、超循环理论、拓扑学中的突变论、复杂巨系统理论,非线性科学中的混沌理论、分形理论等,通过计算机仿真研究而提出的进化编程、遗传算法、人工生命、元胞自动机。这可以被视为复杂性科学的内核。目前,复杂性的

---

① 张聚:"索克尔事件概述",《自然辩证法研究》2000 年第 6 期。

概念和思想已经开始运用于物理科学、生命科学和经济科学各个领域,甚至在人文社会科学的其他领域也多少有些应用。这些应用可以被视为复杂性科学的研究外围。

复杂性科学迄今为止也没有自己统一的范式,表现出极大的多样性。在自然科学和工程技术领域出现了约 50 种复杂性的定义或概念。根据物理学家塞斯·L. 劳埃德(Seth L. Lloyd)曾经计算过复杂性的定义目录,复杂性包括信息(Shannon);熵(Gibbs,Boltzman),算法复杂性;算法信息;Renyi 熵;自划界编码长度(Huffman,Shannon-Fano);错误校正编码长度(Hamming);Chernoff 信息;最小描述长度(Rissanen);参量数,或自由度数,或维度;Lempel-Ziv 复杂性;多重信息,或信道能力;算法多重信息;相关性;存储信息(Shaw);条件信息;条件算法信息容量;测量熵;实际维;自相似;随机复杂性(Rissanen);混合(Koppel,Atlan);拓扑机器尺寸(Crutchfield);有效或理想复杂性(Gell-Mann);层次复杂性(Simon);数图多样性(Huberman,Hogg);相似复杂性(Teich,Mahler);时间计算复杂性;空间计算复杂性;建基复杂性的信息(Traub);逻辑深度(Bennett);热力学深度(Lloyd,Pagels);语法复杂性(按照 Chomsky 层级指示);Kullbach-Liebler信息;差异性(Wooters,Caves,Fisher);Fisher 距离;辨别力(Zee);信息距离(Shannon);算法信息距离(Zurek);Hamming 距离;远程之序;自组织;复杂适应系统;混沌边缘。[①] 其实,除了这些

---

① Nicholas Rescher, *Complexity*: *A Philosophical Overview*, Transaction Publishers,New Brunswick and London,1998,pp. 2-3.

概念外,复杂性概念中还有相变、适切景观(fitness landscapes)、自组织、涌现、吸引子、对称和对称破缺、混沌、量子混沌、自组织临界性、生成关联、报酬递增。[①] 后者具有一定的隐喻性质。但不论怎样,自然科学和工程技术领域中的复杂性定义或概念都是有确定含义的,其中大部分可以做定量描述。其中最典型的复杂性定义莫过于计算复杂性,时间上的计算复杂性即计算或描述一个系统(或解一个问题)所需要的时间,空间上的计算复杂性即描述一个系统所需要的空间存储量。[②]

《大英百科全书》中关于系统科学的"复杂性"属性描述了八种特征:(1)不可预言性;(2)连通性;(3)非集中控制性;(4)不可分解性;(5)奇异性;(6)不稳定性;(7)不可计算性;(8)突现性。[③] 这些复杂性的内容也具有确定的解释。

复杂性概念中,大多数概念包含了计量系统内的要素数目、关联程度、层次、多样性、异质性等内容,也与随机性、秩序等有密切的联系。多样性、与信息的关联以及代价和成本的观点形成了复杂性认知的许多特性,这些特性至少在现象层面与后现代提倡的特性是一致的。

---

① Michael R. Lissack, Complexity: the Science, Its Vocabulary, and Its Relation to Organizations. *Emergence*, Vol. 1, No. 1, 1999: 110-126.

② Joel I. Seiferas, Machine—Independent Complexity Theory, *Handbook of Theoretical Computer Science*, edited by J. van Leeuwen, Elsevier, Science Publishers B. V., 1990, p. 165.

③ John L. Casti, Complexity(EB/OL), *Encyclopedia Britannica*, 2003. http://www. britannica. com /eb/article? eu＝108252.

（三）复杂性特征与后现代特征的比较

瑞·W. 库克西（Ray W. Cooksey）在"什么是复杂性科学？系统动力学、范式多样性、理论多元论和组织学习的编织厚密的挂锦"中用四个连锁原理概括复杂性科学的丰富多彩画面，其中第二个和第三个涉及多样性和理论多元论，它们是范式多样性、超越范式边界、理论折衷主义、采用理论的"多元论"[①]。这些与后现代主义的第二种取向的特征十分接近。

Gökuǧ Morçöl 在"什么是复杂性科学，后现代主义者或后实证主义者？"中比较了实证的经典科学、复杂性科学和后现代主义/后结构主义特征（表 6-1）[②]。

表 6-1　经典科学、复杂性科学和后现代主义/后结构主义的特征

牛顿的/实证的科学	复杂性科学	后现代主义/后结构主义
实在的存在论	实在的存在论	名义存在论和认识论
确定论	确定论与非确定论共存	
离散的实体和事件	作为涌现的本体	主体的消解
线性因果	非线性关系	
总体可预言	受限预言	
	简单-复杂的模糊	
	相变	
	自组织	

---

①　Ray W. Cooksey, What is Complexity Science? A Contextually Grounded Tapestry of Systemic Dynamism, Paradigm Diversity, Theoretical Eclecticism, and Organizational Learning, *Emergence*, Vol. 3, No. 1, 2001:77-103.

②　Gökuǧ Morçöl, What is Complexity Science, Postmodernist or Postpositivist?, *Emergence*, Vol. 3, No. 1, 2001:104-19. 引用时略有调整。

续表

牛顿的/实证的科学	复杂性科学	后现代主义/后结构主义
	共演化	
实证主义的认识论	后实证主义的认识论	
主客体区分	主客体区分：有疑问	主客体区别的消解
客观知识		既非客观本体也非客观知识
真理的符合理论	知识的内生（语境）本性	知识作为语言游戏
事实–价值区分		没有任何知识具有认识论特权
普遍规律	受限的一般性或复杂性规律	
工具主义	工具主义	
方法论	方法论	方法论
还原论/分析模型	整体方法（仿真）	解构
演绎主义	利用某些分析和演绎方法	
量第一位	质和量的方法	

从这个对比表看，复杂性科学更像是基于传统科学本身的一种延伸和发展，当然其中存在一些重要概念转换。复杂性科学强调了多样性、演化、生成和涌现，从而与传统科学不同。

从本体论上看，复杂性科学在哲学上承认客观存在，不过认为，本体是生成的、涌现的，而不是静止的、相互离散无关的。这点首先与传统科学不同，也与后现代主义否认客观实在是完全不同的；在认识论上，复杂性科学也并非把知识看作语言游戏，它承认知识与反映有关，而且把这种反映安置在与境中进行理解；在方法论上，复杂性科学所采用的方法是整体性的（如计算机仿真，虽然发展还很不完善），同时并不否认分析和演绎方法；这点与传统科学有所区别;它的方法不是解构主义的,又与后现代主义的本质不同。

正如我们所论证的,复杂性科学与后现代主义思潮有一定的关联。但是复杂性科学绝非后现代主义得以成立的科学基础。在一些根本点上,复杂性科学的认识与后现代思潮的观点有着本质差别。说复杂性科学是后现代主义的科学基础,实际上是后现代主义者对复杂性科学的误读。正如索卡尔事件表明的那样,许多后现代主义者实际上是误读了科学进程中的许多东西。但是,也许正如后现代主义思潮是多元化的东西一样,复杂性科学可以效仿后现代主义思潮,从后现代思潮发展中索取"为我所用"的东西,来推动复杂性语义的研究和复杂性概念、思想在社会科学领域的应用研究。

三、复杂性与社会治理

我们知道,知识经济到来之际,管理界和管理学界都在大力提倡知识管理。按照 OECD 关于知识属性的观点,知识管理者只有理解知识的各种属性及其相互关系、作用的前提下,才能充分挖掘和管理好它所需要的知识。然而,知识属性和知识发生传播的过程均具有很强的复杂性特征,其间的相互作用也具有某种复杂的网络通路。

(一)关于复杂性和知识的关系

到目前为止复杂性并没有令人满意的公认的定义,也许正是因为它是复杂性,所以根本无法给它作出一个简单陈述能够表征的定义。复杂性的测度也是多种多样的,例如有直观复杂性、描述复杂性、计算复杂性、算法复杂性、物理复杂性、生物复杂性、生态复杂性、经济复杂性、社会复杂性、认识复杂性等。其中,比较著名的是科尔莫哥洛夫的算法复杂性定义,其基本思想是复杂性的大小依赖于认识的难度和认识时花费的代价。[①] 如果基于此,则从知识的多样性态、知识负载的意义等角度,以及认识和掌握我们所需知识的难度上看,知识和复杂性的确有千丝万缕的紧密联系。N. 雷舍尔(N. Rescher)探讨过复杂性的模式,他将复杂性模式分为三类:认识模式、本体模式和功能复杂性。其中,认识复杂性模式又包括描述复杂性、生成复杂性和计算复杂性,这三种复杂性分别为描述复杂性——为了对系统问题提供足够描述而必须给定的计算长度;生成复杂性——为产生系统问题提供处方而必须给定的指令序列的长度;计算复杂性——解决一个问题所耗费的努力和时间总量。[②] 我在研究复杂性时,提出了知识的文本和意义复杂性,并且进行了一定程度的探讨。[③] 这些讨论均表明知识本身具有复杂性特征。

[①] A. N. Kolmogorov, Three Approaches to the Definition of the Concept "Quantity of Information", *Problem of Information Transmission*, Vol. 1, No. 1, 1965:1-7.

[②] Nicholas Rescher, *Complexity: A Philosophical Overview*, Transaction Publishers, New Brunswick, New Jersey, 1998. p. 9.

[③] 吴彤、吴为:"后现代视野中的文本复杂性",《江苏行政学院学报》2002 年第 1 期。吴彤:"略论认识论意义复杂性",《哲学研究》2002 年第 5 期。

（二）知识的复杂属性

不可能有一种关于知识的简单定义，知识有多重的复杂属性。例如，经合组织（OECD）就把知识分为关于事实（know-what）、规律和原理（know-why）、技能（know-how）和知道谁有（know-who）的知识。经济学家布瓦索按照知识扩散和编码以及具体和抽象两个维度把知识分成八种（图 6-1）[①]。

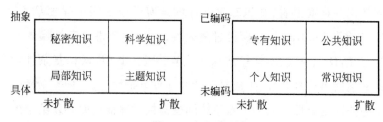

图 6-1　知识类型

波兰尼认为，知识具有默会性和编码性两类，为此他专门探讨了个人知识的问题。[②] 另外关于知识具有默会（或隐性）知识（Tacit knowledge）和编码知识（Codified knowledge）或显性知识（explicit knowledge）的各种特性已经得到了广泛认同。[③] 所谓默会或隐性知识即只可意会不可言传的东西，所谓显性知识即可以运用语言或文字传达给他人的知识，而编码知识则可以完全运用

---

① 布瓦索：《信息空间》，王寅通译，上海译文出版社 2000 年版，第 169、204 页。

② 波兰尼：《个人知识：迈向后批判哲学》，许泽民译，贵州人民出版社 2000 年版。其中第二篇专门论述了知识的默会成分问题。

③ 例如，野中郁次郎（Nonaka）、阿莱薇（Maryam Alavi）以及很多人都探讨了知识的这两种性质。

文字表述处理的知识。知识的这些属性不是截然分开的,当然可能某些知识或处于某地的知识其中某种成分更多。这就表明知识具有复杂性特征。不同文化和不同地域的人们关于自然和社会的知识以及关于这种知识理解和认识也都存在千差万别。例如,中国传统知识就具有典型的默会特征。我也曾经证明,中国古代知识与巫术的分离状态是很晚的事情,在民间甚至从来就没有分开过。①

　　以上是目前人们所了解到的知识各种属性之间的复杂性差异。尽管人们认识到各种知识属性不同,这种不同和差异造成了知识的复杂性,但是这种复杂性毕竟还只是知识之间的不同差异带来的复杂性,而不是在一种知识本身中的复杂性。事实上,在某种知识实践过程中还存在知识本身的复杂性。

　　第一,在实践中,我们并不能像理论认识那样,很清楚地区分知识的默会和编码性,换句话说,一种知识事先并没有贴上让你识别的标签。例如,实证主义试图把形而上学从实证知识中驱赶出去,但这种努力后来被证明是一种"乌托邦"。这表明,即便科学知识这种具有非常好的明晰性的知识,也无法完全与默会的、形而上学的知识割断联系。

　　第二,由于知识内部各种属性的混杂性而带来的认识知识的

----

① 吴彤:"中国古代正统史观中的'科技'",《内蒙古师大学报》1990年第4期;后收入《古籍数学化研究论文集》,内蒙古大学出版社1994年版。吴彤:"儒家与中国古代科技",《内蒙古大学学报》1992年第4期;论文摘要收入袁运开、周瀚光主编:《中国科学思想史论》,浙江教育出版社1992年版。吴彤:"从自组织观看'李约瑟问题'",《自然辩证法通讯》1997年第3期。吴彤:"自组织,还是他组织?——从一种复杂系统演化观点看'李约瑟问题'",中国近代科学技术回顾与发展国际研讨会,中国科学院、工程院与中国科协主办,2002年4月10—13日,作为特邀代表在特邀分组报告。

难度问题,反过来也增加了知识的复杂性。

第三,知识既可以视为一种过程,也可以视为一种成果,还可以视为一种能力。例如,在知识管理中,有人给知识这样定义:知识是将信息与资料转化为行动的能力。①

(三) 知识的复杂演化过程

知识的创造过程也涉及默会(或隐性)知识和编码知识的相互作用,这种作用也是不断反馈的,按照日本学者野中郁次郎的观点,这种组织知识创造过程可以描绘如图 6-2 所示②。

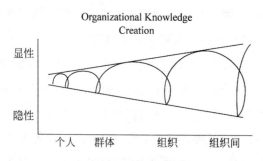

图 6-2　知识创造过程的复杂性

野中郁次郎还进一步把这种隐性到显性的知识演化称为"知识螺旋",认为这种知识螺旋过程有这样几个环节或阶段:(1)社会化(socialization):从隐性到隐性知识;(2)外在化(externalization):从隐

---

① Applehans,Globe,Laugero:《知识管理:网络应用实作指南》,冯国扶译,清华大学出版社 2000 年版,第 16 页。

② I. Nonaka, A Dynamic Theory of Organizational Knowledge Creation, *Organization Science*,1994,Vol. 5,No. 1:14-37.

性到显性知识；(3)组合(combination)：从显性到显性知识；(4)内化(internalization)：从显性到隐性知识(图 6-3)。[①]

	Tacit	Explicit
Tacit	Socialization	Externalization
Explicit	Internalization	Combination

图 6-3　知识转化

　　他认为，在知识创新型企业上述四种模式都同时存在，而且发生着动态的相互作用，就像知识螺旋一样。[②]

　　在探讨科学知识演化的过程中，我曾经以自组织为基本观点，构造了科学知识演化的模式。认为在一定的物质、能量和信息条件下，知识可以自组织地发展起来，并且以这种观点探讨了中国知识的特性。而这个观点被《世界科学报告 1994》所印证，报告认为第三世界的科学之所以落后，其中最重要的原因，就是科学知识自组织演化的阈值尚未达到，因而造成了知识差距(knowledge gap)和信息问题(information problem)。[③] 而自组织或被组织也是在社会文化情境中的知识复杂性特性。

（四）复杂的知识管理

　　知识管理也是非常复杂的，首先，知识管理涉及的要素就很复

---

　　① I. Nonaka, A Dynamic Theory of Organizational Knowledge Creation[J]. *Organization Science*, 1994, Vol. 5, No. 1:52.

　　② 野中郁次郎："知识创新型企业"，载德鲁克等：《知识管理》(哈佛商业评论精粹译丛)，中国人民大学出版社、哈佛商学院出版社 1999 年版，第 18—39 页。

　　③ 世界银行：《1998/99 年发展报告：知识与发展》，中国财政经济出版社 1999 年版，第 1 页。

杂(图 6-4)。它涉及社会文化因素、组织因素和技术因素,是由这些因素共同作用下的管理。认识清楚这些因素及其相互作用,则可以更好地进行复杂的知识管理。

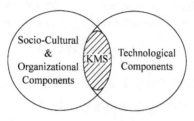

图 6-4　知识管理的要素

其次,知识管理本身还涉及管理组织。要求管理组织发生一定的变革,管理组织要管理好知识,其组织形态应该像网络(图 6-5)。[①]

近年来,在组织管理领域兴起的对组织进行再造,改造旧组织为团队和网络组织,增加虚拟性、灵活性的趋势也是知识组织管理复杂性的体现。

第三,知识管理更复杂的地方还在于知识管理是把知识创造、知识组织和存储、知识分配、传播以及应用等过程综合起来的、其间存在不断反馈的过程(图 6-6)。[②]

---

① 裴学敏、陈金贤:"知识经济条件下的企业知识管理体系",《管理工程学报》1999 年第 1 期。

② Maryam Alavi, *Knowledge Management and Knowledge Management Systems*, http://www. rhsmith. umd. edu/is/malavi/icis-97-KMS/index. htm. 引用时有一定的改动。

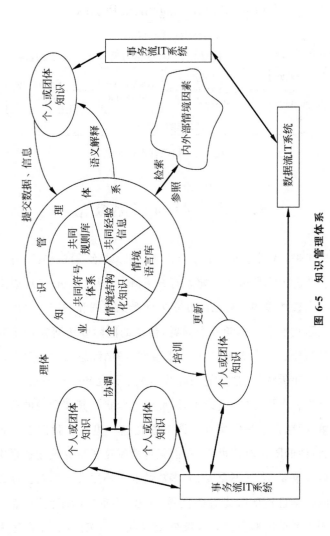

图 6-5 知识管理体系

图 6-6 知识管理过程

四、复杂性与国际政治

近年来,特别是进入新千年以来,国际政治领域突发事件的数量和它冲击国际舞台的震撼力有升无降。20 世纪 90 年代以来美国强权一枝独秀的态势已经在多方面受到挑战和冲击。这就不得不使国际政治学家思考一个问题,传统的国际政治研究理论和分析工具为什么总失效呢?"9·11 事件"即国际恐怖主义对美国的袭击更是使传统的、常规的国际政治关系研究和分析失效。

也许有人说,这太复杂了,因此难以分析。其实问题的症结不在这里,问题在于我们用什么眼光看待这个世界。我们以一种简单的、线性的眼光看待世界,我们就可能忽略了世界演化过程中许多看似不重要、当下不重要、大多数情况下不重要的东西。而以复杂性的科学理论的眼光看待世界,这些"不重要的东西"可能在演化过程中变得影响极大并且突然重要起来。按照在 20 世纪末和 21 世纪初刚刚兴起的复杂性科学研究来看,如果一个事物的演化涉及多个层次、多个要素和多种相互作用,那么这种事物的演化就是复杂性演化。复杂性系统则更关联更多事物和相互作用关系。复杂性演化具有长期不可预见的特性、突变的特性,复杂性的性态是相互交织在一起的性态。复杂性理论研究更关注多样性、多重差异、层次、环境和条件,关注事物之间的多样性联系,关注演化,关注小的涨落和临界状态。组成复杂性理论躯体的各个理论目前有自组织理论(包括耗散结构理论、协同学、超循环理论)、非线性科学(混沌理论、分形理论、孤立子理论、非线性数学)、SFI 研究所发展出来的"人工生命、遗传算法"等。国内则主要从复杂巨系统角度研究了复杂性问题。另外,格外需要提及的还有德国科学家迈因策尔建立复杂性跨学科研究方法论的努力[①],法国社会学家莫兰的对社会、人性的复杂性观察视角[②]。当然,现在复杂性作为一种思想、概念和理论,正在普遍应用在各个领域,其中在自然科学领域、经济学领域和管理科学领域,复杂性已经成为一种正在兴起的新范式。[③] 国际经济和政治关系研究也出现了一些重要的声音。[④]

在这个世界上,谁都希望事情简单易行,能够提纲挈领、一目

---

①　K. Mainzer,*Thinking in Complexity*,Springer—Verlag,New York,1997.

②　中国大陆已经翻译了莫兰的著作《迷失的范式:人性研究》(陈一壮译,北京大学出版社,1999 年),台湾据说翻译了他的《复杂的思想》;联合国教科文组织的《信使》(the UNESCO Courier 1996)也专门编辑了"复杂性"专集,其中开篇是莫兰的文章。

③　见吴彤在央视 10 套 2001 年 8 月 3 日的"百家论坛"上的报告:复杂性范式的兴起。

④　〔法〕P. 阿兰:"国际政治理论中的复杂性、偶然性和个人",载〔法〕吉拉尔主编:《幻想与发明——个人回归国际政治》,郗润昌等译,社会科学文献出版社 1999 年版,第 53—72 页。

了然。谁都希望把复杂的现象分解成一个一个的组成部分，然后一个一个地解决掉它。我们的概念系统和描述系统当然愈简单愈好。这或许是必不可少的第一步，但是却可能使人误入歧途。如果我们不再深入一步，如果我们把起点看成终点，如果我们把充其量不过是近似的东西视为确定无疑的东西，如果我们把部分混同于整体，那我们就是采取了一种简单化地看待世界的方法，而且迟早会为此付出代价。①

以美国为例，20 世纪 90 年代后它的直接对手苏联解体，社会主义阵营出现问题，世界冷战的格局转变为以美国为首的西方独霸世界政治舞台。它大概大大舒了一口气，认为从此可以简单地独霸天下。然而这种简单独霸下面仍然存在"非线性"暗流，西方阵营中尽管在政治意识形态方面一致，但是在处理各国事务和经济方面仍然存在德国、法国、日本等国的不同声音，俄罗斯的作用仍然不可小视，中东问题仍然一触即发。美国充当世界警察的角色，以为靠经济和军事实力就可以解决一切问题，其实不是"9·11 事件"才给了这种思想一击，在此之前有多次的事件都已经说明了这种思想方法的问题。

首先，国与国之间存在复杂的相互作用，而且相互作用有增无减，19 世纪后期世界体系里活动的不过十几个国家，20 世纪中期联合国会员国也才 50 个左右，目前得到联合国承认的、有主权地位的国家数量有近 190 个。其次，除了国与国的相互作用在不断

---

① Bahgat Elinadi, Adel Rifaat, Month by Month, *UNESCO Courier*, No. 2, 1996: 9. 该短文是介绍了艾德加·莫兰的复杂性思想后所作的一个总结性评论。

增强以外,国际政治舞台和经济舞台上涌现和活动的角色也变得更加多样化,其行为方式的差别更加多样。如宗教组织(正教、邪教)、跨国公司、新社会运动、各种新政治集团、反核组织及生态保护团体、女权主义运动、不分国界的资本流动及其掌控势力、同性恋联盟和其他稀奇古怪的"俱乐部",它们虽然不是政府组织,但是谁都有可能对国际事务的发展变化产生直接的或间接的影响,它们的类型、利益、目标和行为方式都更加复杂多变和难以确定。[1]除此之外,它们之中的某类又常常与另外一类发生千丝万缕的联系,例如目前我们所知的以本·拉登为代表的国际恐怖主义组织就与阿拉伯世界、伊斯兰教有着割不断的血缘和宗教信仰联系。复杂性理论告诉我们,这种联系如果是"无",或者是"全"联系,事情也好办,你可以简单化处理,把它们全部作为垃圾处理;问题复杂就复杂在这种联系是"你不是我、我不是你,但是我和你又有联系,我中有你、你中有我"的那种联系,因此,你不能把洗澡水和孩子一起倒掉,你也不能像作为人朋友的熊的故事那样为了赶走睡觉时人脸上的蚊子而一掌下去,结果打死了人。对付国际恐怖主义组织及其个人,今天美国及其盟友这种对阿富汗的轰炸,有点像用大炮打蚊子一样。我很怀疑它的效果。通过游说阿拉伯世界,剥离类似原教旨主义的极端恐怖主义与阿拉伯世界的关系,运用财政金融手段冻结恐怖主义组织和人员的资金等手段,是把恐怖主义与其他因素的联系割断的减少复杂性的办法,美国也应该同时检

---

① 晓端:"复杂性与不确定性——人性与国际关系(三)",《世界经济与政治》2000年第 6 期。

讨自己,过去运用过于简单化的方法对付国际舞台上对手的理念和方法,不仅没有减少问题而且使得问题的复杂性程度增强了。

比起简单性理论来说,复杂性理论就特别注意考虑我们要解决问题的计算成本问题。在复杂性理论看来,所谓计算成本就是人类处理、思考复杂性问题的代价(这里所说的成本并不是仅仅指货币计算的成本,而是实际支出)。以"9·11"及其反应为例,我们为打击恐怖主义所付出的代价实在太大了。今天美国又出现了炭疽热情况,谁知道明天还会出现什么呢? 看起来这种打击方式还是多少有一定的问题。计算成本首先依赖问题的设定方式,它不仅取决于所设定问题的规模,而且受解题方法、组织方式和制度的影响。① 因此,打击恐怖主义的斗争也同样受打击方和被打击方行为方式的影响,受解题方法的影响。打击宗教性质的恐怖主义,根本的出路在于宗教组织内部和其规则的改变,只有宗教内部彻底孤立甚至把恐怖主义理念排除出宗教信仰之外,这个问题才能得到比较彻底的解决;同样,邪教的问题也应该主要从宗教与其斗争的角度加以考虑。美国和国际社会应该进一步研究如何从根本上解决恐怖主义问题,这种研究应该把该问题放置在一个更广阔的国际背景下,考虑各种复杂因素,同时考虑计算打击成本的复杂性方法研究。从军事上看,这包括正规军与游击队的战略战术、恐怖主义战略和战术问题、高技术侦讯与传统信息获取等关系;从政治上看,有富国与穷国关系、南北关系、宗教政治等问题。对这些关系和问题有所研究,然后考虑如何减少其中复杂性,才能真正解

---

① 〔日〕盐泽由典:"制度经济研究中的复杂性",《经济纵横》1995 年第 4 期。

决这样的问题。

复杂性的理论不是把问题看复杂搞复杂的理论,而是依照实际存在的客观复杂性,研究如何认识复杂性、如何消减复杂性的理论。复杂性理论简化社会随机复杂性的机制主要包括:(1)共同的符号体系及其相关的传播、教化技术;(2)共同的行为规范;(3)必要的组织技术。[①] 从这个观点看,国家之间的相互作用不断增加和增强,而联合国实际上已成为消减这种国家之间随机相互作用复杂性的重要机构。WTO 也是消减国际经济相互作用复杂性的规则和组织。

因此,在人类事务中,我们通过建设组织和建立各种规则(包括契约)的方法,实际上就是建立减少人类混乱的、随机的、纯个体的复杂性,但其代价是增加了组织复杂性和社会层次复杂性。在国际政治舞台,建立各国能够接受的国际关系准则,而不是把一个大国意志简单地强加于其他国家,甚至用来处理一切国际事务,包括恐怖主义问题、宗教问题、环境问题,才是建立减少人类社会随机复杂性的方法。我以为,埃德加·莫兰所提出的"对话原则""全息原则"等有一定道理[②],实际上这是一种通过组织协商的方法,寻找消减复杂性的复杂性方法原则。它可以用在国际关系事务中,高的综合政治经济学过程可以确保任何政策都将具有普普通通的结果。[③]

---

① 谢中立:"社会的复杂性:社会学家的视野",《系统辩证学学报》2001 年第 4 期。

② Edgar Morin, A New Way of Thinking, *UNESCO Courier*, 1996(2):10-14.

③ Erik A. Schultes, Presidential Politics:Constrained by Complexity? *Science* 2000,290:933(in Letters).

附录:破碎的系统观[①]

中国系统科学领域和系统科学哲学领域占主流的观点基本上一直秉持着这样一种把世界视为有层次结构的系统整体主义、系统结构主义和系统普遍主义的大系统观[②]。例如,在中国比较权威的著作《系统科学》就这样说:"系统科学以这样一个基本命题为前提:系统是一切事物的存在方式之一,因而都可以用系统观点来考察,用系统方法来描述。"[③]绝大多数研究者也一直视其为当然,而很少对这种系统观及其哲学基础提出质疑和挑战。近年来,由于实用主义、工具主义的出现,特别是科学实践哲学[④]和新经验主

---

① 本文发表于《系统科学学报》2010 年第 1 期。

② 许国志主编:《系统科学》,上海科技教育出版社 2000 年版,第 17 页。中国科学院复杂性研究编委会:《复杂性研究》,科学出版社 1993 年版,序言部分。成思危主编:《复杂性科学探索》,第 4—5、47—48 页。苗东升:《系统科学精要》,中国人民大学出版社 2006 年版。

③ 苗东升:《系统科学精要》,第 17 页。

④ Rouse, J. , *Knowledge and Power: Toward a Political Philosophy of Science*, Ithaca: Cornell University Press, 1987. Rouse, J. , *Engaging Science: How to Understand Its Practices Philosophically*, Ithaca and London: Cornell University Press, 1996. Rouse, J. , *How Scientific Practices Matter: Reclaiming Philosophical Naturelism*, Chicago and London: The University of Chicago Press, 2002.

义科学哲学①的兴起,在科学哲学领域掀起了一股关注科学实践的实用主义思潮。这种思潮由于自身的需要,在论证科学实践和科学知识的局域性、地方性的同时,也间接地带来了对整体主义、普遍主义和结构主义的种种挑战和冲击。然而,这种挑战与冲击由于学科界限所限,还没有引起中国系统科学哲学领域的重视,也没有引起中国系统科学研究者的重视。但是,在西方我们看到了实用主义思潮已经影响到这种系统观,这是一种新变化。本文试图借助科学实践哲学、新经验主义科学哲学对中国系统科学界和系统科学哲学界所长期秉持的大系统观进行批判、剖析和讨论。

一、中国系统观基本观点及其问题

在中国,早期形成并且延续至今的当代系统观在本体论、认识论和方法论研究方面有六个被视为当然的基本观点。

第一,很明显,由于长期的中国传统文化和马克思主义哲学传统的影响,中国系统论思想在本体论上一直秉持三个基本立场。(1)系统实在论认为,世界独立于人的认识而客观存在,世界的存在是按照系统方式存在的。更强的版本认为,世界的一切存在都是以系统方式存在的,没有非系统方式的存在。② (2)系统整体论

---

① Cartwright,N. ,*The Dappled World* ,*A Study of the Boundaries of Science* , Cambridge:Cambridge University Press,1999.

② 苗东升教授这样说:"现实世界的任何事物都是以系统方式存在和运行的,……绝对不能当成系统看待的事物是不存在的。"苗东升:《系统科学精要》,第37页。

认为,世界由各种系统组成,这些系统之间存在普遍联系,因而形成了有机联系的系统整体。[①] 中国传统文化中的系统观一直就持有这样的立场,比如天人合一的思想其基础就是系统整体论,《黄帝内经》里借黄帝之口说:"夫自古通天者,生之本,本于阴阳。天地之间,六合之内,其气九州九窍,五藏十二节,皆通乎天气。"这就说明了人与天的整体性。[②] (3)系统结构论认为,系统都是有结构和层次的,不存在没有联系、无结构和层次的系统。[③]

第二,中国系统论思想在认识论上同样秉持着三个相应的基本立场。换句话说,在上述系统实在论的支配下,加之辩证唯物主义作为中国正统意识形态的理论基础,系统认识论也自然秉持这样的基本观点。(1)系统反映论。尽管没有成为体系的系统认识论,但是伴随系统科学的诞生,中国系统科学和哲学界大多数均认为,认识论的重要任务,就是在思维中如何正确反映世界这个统一的整体的大系统;由于世界作为系统存在是独立于人的认识的,是唯一的客观存在,因此正确的反映就具有唯一性;不把世界作为大系统看待,就是错误的认识。我认为,这是朴素的系统认识论,它是被动地跟随在系统实在论之后的"系统反映论"。同时,它也是独断的认识论,因为它封闭了其他认知的可能性和言说的可能性,凡是把世界看作其他存在的方式,都因此有可能被扣上"错误"的帽子。(2)系统普遍论。由系统实在论和统一论推论,可以给系统

①　许国志主编的《系统科学》此处的原话是:"整体观点是系统思想最核心的观点,系统科学是关于整体性的科学。"许国志主编:《系统科学》,第21页。

②　[清]张志聪集注:《黄帝内经集注》,浙江古籍出版社2002年版,第35页。

③　许国志主编:《系统科学》。苗东升:《系统科学精要》。

认识论意义的普遍论赋予这样的特性,即由于认为系统是世界上一切事物的普遍存在方式,因此认识的真理一定是系统化的,是普遍适用于一切系统客观存在的。只要按照系统的方式看待世界和事物就是走在了正确的认识道路上。抽象出来的系统规律性可以适用于一切系统,系统样式可能有各式各样,但本质是同一的;系统的抽象和还原因此也是可行的。(3)结构认识论。由系统结构存在论推论,可以认为认识论意义的结构认识论的特性是,认为认识的系统一定是有结构和层次的体系。凡是无结构、无层次和非系统化的认识,都构不成真正的认识(比如,零散的认识就不构成真正的认识)。系统结构认识论是一种关于认识必须体系化的观点,这种观点很容易导致建构大体系的观点。

第三,中国系统论思想在方法论上秉持的基本立场是受到上述本体论和认识论支配的。由于有系统整体主义和基础主义的支配,占主流的观点先天地、形而上学地认为,世界是一个大系统。因此,系统方法论上常常持有结构化的方式,即切克兰德所说的"硬"系统方法论,或者社会学里的结构主义方法。这种系统方法论常常从文本和系统教义出发,而不是从实践出发,去处理社会和管理事务,把本不可结构化的事情也硬性地结构化。

总之,在中国,系统整体主义、系统和系统普遍主义的思想占据系统科学和哲学研究的支配地位,虽然有一些其他的声音,但是在没有从哲学的基础上动摇其整体主义、统一主义和普遍主义的根基之前,中国的系统哲学研究到今天也还仍然保持着这样的状态。

二、科学实践哲学和新经验主义
对于大系统观的批判

　　作者在 21 世纪初继续研究系统哲学的同时，接触到西方 20
世纪 90 年代初兴起的科学实践哲学[①]，并在研究它和把它介绍到
中国的过程中，发现科学实践哲学的思想与原有的中国系统科学
哲学研究所秉持的大系统思想、整体主义和普遍主义有很深的矛
盾；在进一步研究中，也开始接触与科学实践哲学有着密切关系的
新经验主义科学哲学，特别是卡特赖特的《斑杂的世界：科学的边
界研究》，发现那里有更为直接的与大系统观、整体主义、基础主义
和普遍主义直接抵触的观点和立场。在比较了中国系统科学哲学
研究处于支配地位的系统观与科学实践哲学、新经验主义科学哲
学的思想，同时在接触切克兰德的后期软系统方法论之后，深感中
国的系统科学哲学研究应该有所变革。以下为表述简洁起见，我
把目前占支配地位的中国系统论思想称为中国传统系统观。

　　科学实践哲学与新经验主义的科学哲学立场和观点与中国传
统系统观在什么地方有何不同呢？让我们分别给予论证。

　　我们先看科学实践哲学观点，它的一个基本观点是秉持"地方

---

　　① Rouse, J., *Knowledge and Power*：*Toward a Political Philosophy of
Science*. Rouse, J., *Engaging Science*：*How to Understand Its Practices
Philosophically*. Rouse, J., *How Scientific Practices Matter*：*Reclaiming
Philosophical Naturelism*. Cartwright, N., *The Dappled World*，*A Study of the
Boundaries of Science*，Cambridge：Cambridge University Press，1999.

性"的认识。它认为,人们的实践都是当下的实践,是基于具体环境的地方性实践,因此所产生的认识也一定是地方性知识。之所以会有普遍性知识的认识,是因为某些知识通过标准化的技术、标准化的语言和其他形式的努力使之标准化,形成了被标准化的知识,它看上去像普遍性的知识,而实际上其知识本性并没有改变,仍然是地方性的。①

如果我们拿地方性实践和地方性知识的观点看待系统,那么首先不会认为在世界上存在一种统一的大系统,因为人们的实践是地方性的,认识是地方性的,所以对一切人而言都相同的客观存在的大系统只是一种幻象而已。在持有科学实践哲学观点的学者看来,系统就是与行动者在一起的局部的可参与的系统,它一定是地方性的,是一种行动参与的具体系统,而不存在那种抽象的、与时间和语境无关的系统。这点与中国传统系统观所秉持的整体主义、统一主义和基础主义均有不同。因此,如果有科学实践哲学意义上的系统观,那么这种系统观对于系统的认识一定具有如下特征。(1)这种系统是与行动者的实践扭结在一起的,它不能完全划界为本体论的和认识论的,它应该是实践性的,即通过实践把本体与认识扭结在一起的、有实践者参与其中的系统。即是一种介入主义的地方性系统观。(2)不存在抽象的大系统本体或者认识,如果有认识的系统方式,那么也一定是地方性的,是与相对照的实践和认识联系在一起的。没有脱离开行动者的抽象系统,也没有脱

① Rouse, J., *Knowledge and Power: Toward a Political Philosophy of Science*, chap. 4.

离开具体实践环境的单属于行动者的系统本体和认识。因此,这种系统的本体和认识是之于行动者与其环境共有的,是以实践为基础的行动系统观。(3)在方法论上,它提倡实践的行动方法,即通过行动者在具体语境中的与对象打交道的实践方式,介入认知对象、系统和环境。这种方法论更看重实效,更看重在实践中改进认识,所以这种方法论的基础有实用主义的特性。

从新经验主义的科学哲学看,中国传统系统观的观点与之差异就更大了,新经验主义科学哲学家卡特赖特直接引用维也纳学派的钮拉特的话说:"'那个'大系统是个大的科学谎言。"[①]她在《斑杂的世界:科学的边界研究》中到处都在论证,不存在统一的科学系统,科学是分为物理学、化学、生物学、经济学、心理学等,它们的使用也是分别应对不同的领域,这些科学既没有统一的定律适用领域,也不存在完全可以还原为一种科学的那种情景。[②] 因此,在多元局域实在论的立场看来,不存在统一的同一的某种大系统,世界是分为不同领域和不同方面的,是斑杂的,而不是统一的、同一的整体。统一的整体主义和基础主义都是有问题的。

卡特赖特是认可实在论的。但是,卡特赖特的或者以卡特赖特为代表的新经验主义的实在论很有特点,即它是一种形而上学多元主义的局域实在论。[③] 所谓形而上学多元论的实在论是什么

---

① Cartwright, N. , *The Dappled World, A Study of the Boundaries of Science*, p. 6.

② Ibid.

③ Ibid, pp. 23, 31.

呢? 其一,在形而上学的意义上,即这种实在论是一种信念,一种从事某种活动(如科学实践)必要的承诺,既然作为信念和承诺,我们也可以不去深究其实在论面对的对象或者指称的对象是否存在,而是说有了这种承诺,可能在操作意义上,对于外部世界的认同和实践可以更为放心。其二,在多元主义的意义上,这种实在论不是整体实在论,不是大系统统一主义,而是按照行动者的实践把实在区分为实践的地方性的实在。在这个意义上,这种实在论与其说是本体论意义的,倒不如说是更具有认识论意义和方法论的实在论。这是一种与劳斯的科学实践哲学意蕴协调的地方性系统观。

以上两种科学哲学观点也都具有共同的情境主义立场。人们的认识不可能脱离开具体的情境。劳斯甚至认为,在形塑实践的过程中,情境比参与者更为优先。[①] 这就表明,情境这种具体的"系统"中的要素,是具体的,是与其他要素,如行动者、对象一起构成了具体系统本身的。不可能在发现和辩护的过程中,抽象地论证一个不包括具体情境的系统。

在表明实践的时间性和历史性上,劳斯比卡特赖特走得更远。在卡特赖特那里,实践的时间性被固化在实验室的条件上,固化在其他情况均同的设计上。而在科学实践哲学那里,实践的时间性是第一位的[②]。由于实践是历史的、具体的、情境化的,所以抽象

---

① Rouse, J., *Engaging Science: How to Understand Its Practices Philosophically*, chap. 5. Rouse, J., *How Scientific Practices Matter: Reclaiming Philosophical Naturelism*, chap. 5-6.

② Ibid, pp. 134-135.

的大系统就是一句谎话。

更为深刻的是,隐藏在中国传统系统观背后的基础主义、统一主义,有一种话语的霸权主义在里面。追求大一统,认为只有一种真理,认为这种真理是普遍适用于一切系统,认为所有的系统都是一个系统,不存在差异,这实际就是在说,有一个智者一旦掌握了这个真理,那么这个系统就应该唯我独尊,就应该是"普天之下莫非我之系统"。这样的认识一旦付诸实践就可能带来极大的恶果。历史对此已经有了警示。

综上所述,科学实践哲学和新经验主义科学哲学所可能具有的系统观在多点上与中国传统系统观有很大的差异与矛盾,引入科学实践哲学的地方性观点,引入新经验主义的多元形而上学实在论观点,有助于思考、揭示中国传统系统观存在的问题。

三、破碎的地方性系统观之要义

借助科学实践哲学和新经验主义的科学哲学,我们对新的系统观提出的基本特征可以做出这样的概括。

第一,介入主义的实践系统观:行动者在实践,因之行动者也同时就在认识,因此行动者是与行动者周围所及的那个世界是一体的,我们可以承认有一个外部的世界,但是这个世界就是行动者实践和认识的世界,而不是抽象的大系统;与行动者的实践和认识无关的世界是否独立存在,对于我们是没有意义的。因此,我们没有必要区分本体论与认识论,本体论和认识论区分本身就是一种主客二分的传统哲学。实践的认识论是一种介入主义的认识论,因之也是一种实践介入的本体论,一种与实践行动者相关的本体论。

　　第二,多元主义的地方性系统观:行动者的视野总是地方性的,行动者的实践也是地方性的,不同的行动者关注不同的问题,即便面对的是所谓的一个环境,他们也面对的是不同的地方性情境,所以关于外部世界统一性的推论是站不住脚的,认识世界和实践的科学种类具有多样性,我们所认识的世界是斑杂的。因此,应该放弃统一的大系统论,放弃系统普遍主义的观点,而秉持多元主义的小系统观、地方性系统观。由于不同的行动者所认知的系统可能都是存有差异和不同的,因此社会协商与沟通是必要的、应该的。

　　第三,建构主义的实践系统观:按照科学实践哲学和新经验主义科学哲学,我们并不把外部的实在视为当然的系统,更不把这种系统视为所有人共有的系统,而是视为透过行动者的实践介入的、建构起来的不同地方性的系统。它是与行动者关联在一起的,通过行动者努力构建起来的系统。这种系统与其说是实在本身的,倒不如说是行动者通过实践环境建构起来的。因此,这是一种实践建构的系统观。当然,因为实践在整合社会力量和自然力量,因此这种实践建构论的系统观也区别于社会建构论。

　　最后,从科学实践哲学和新经验主义的科学哲学里总结出来的地方性的多元主义的系统观,对于中国系统科学和哲学研究的最大益处,我认为是它们都共同地带给中国系统和哲学科学研究的视角转换,即把一种所谓的客观系统实在论的视角转换为认识论和方法论的视角,把一种大一统的系统观改变为局部的、地方性的小系统观。而科学实践哲学和新经验主义科学哲学带给中国系统界的系统观还有一层，那就是介入主义的实践系统观。介入主义看重的是交流、沟通和合作，唯此，这只有在地方性的知识与实践中才能扩展开来。在系统扩展后，我们仍然需要牢记其根本仍然是地方性的。正如卡特赖特把牛顿第二定律的普遍化表述改为律则机器的条件限制的表述一样①，我们在说，"系统存在的特性是……"，也应该自觉地意识到，这是我认识的系统，也应该把这种表述改为，"我认识到的系统的特性是……"。如果结合科学实践哲学和新经验主义的科学哲学关于局域实在论的多元主义立场，那么我们应该意识到，我们都是从地方性的立场上看到的我们所实践基于的地方性实在。这种实在是否为系统存在，那就要从具体问题出发来说了。因此，这种系统观如果可以做出简要而生动的说明的话，那么它就是破碎的系统观。

---

① 例如，卡特赖特指出，对于牛顿第二定律（F＝ma）来说，我们大多数人是在基础论的规范中长大的，把它理解为前面有全称量词：在所有情形中的所有物体，它的加速度将等于它在此情形中受到的力除以它的惯性质量。我想换个读法，实际上我相信我们应该把这种关于所有的所谓普遍的律则读成"其他情况均同定律"。卡特赖特把牛顿第二定律的表达改写为：对于任何情形中的任何物体，如果没有其他东西干扰，它的加速度将等于它所受的力除以它的惯性质量。

参 考 文 献

一、外文著作

Bak, P. , *How Nature Works: The Science of Self-organized Criticality*, New York: Copernocus Press For Springer-Verlag, 1996.

Bertalanffy, Ludwig von. , *General System Theory, Foundation, Development, Applications*, George Braziller, Inc. 4th printing, 1973.

Byrne, D. , *Complexity Theory and the Social Sciences: An Introduction*, Routledge, London and New York, 1998.

Cillers, P. , *Complexity and Postmodernism: Understanding Complex Systems*, Routledge, London and New York, 1998.

Cramer, F. , *Chaos and Order—The Complex Structure of Living Systems*, VCH, New York, 1993.

Gleick, J. : *Chaos, Making a New Science*, New York, Viking Penguin Inc. , 1987.

Haken, H. , *Information and Self-organization: A Macroscopic Approach to Complex Systems*, Springer-Verlag, 1988.

Hays, D. G. , *Introduction to Computational Linguistics*, Elsevier, New York, 1967.

Holland, J. , *Hidden Order: How Adaptation Builds Complexity*, Helix Books of Reading, MA: Addison-Wesley, 1995.

Kauffman, S. A. , *The Origins of Order: Self Organization and Selection in Evolution*, Oxford: Oxford University Press. 1993.

Leech, G. , *Semantics*, Penguin Books Ltd. , New York, 1983.

Levin, S. , *Fragile Dominion*, *Complexity and the Commons*, Perseus Publisher,Cambridge,Massachusetts,2000.

Mainzer,K. , *Thinking in Complexity*,Springer-Verlag,New York,1997.

Rescher,N. , *Complexity*：*A Philosophical Overview*, New Brunswick and London：Transaction Publishers,1998.

Rothbart,D. ,*Explaining the Growth of Scientific Knowledge*：*Metaphors*, *Models*,*and Meanings*,Lewiston：The Edwin Mellen Press,1997.

Rouse, J. , *Knowledge and Power*, *Toward a Political Philosophy of Science*, Cornell University Press,Ithaca and London,1987.

Rouse, J. , *Engaging Science*：*How to Understand Its Practices Philosophically*,Cornell University Press,Ithaca and London,1996.

Rycroft, Robert W. and kash, Don E. , *The Complexity Challenge-Technological Innovation for the 21st Century*,Pinter,London and New York,1999.

二、外文期刊文献

Alav, M. ,Knowledge Management and Knowledge Management Systems. http://www. rhsmith. umd. edu/is/malavi/icis-97-KMS/index. htm.

Allen,P. M. ,Knowledge,Ignorance,and Learning,*Emergence*, Vol. 2, No. 4, 2000：78-103.

Barabasi,A. -L. ,and Albert,R. ,Emergence of Scaling in Random Networks. *Science*,1999,286：509-512.

Bak,P. , Chao T. , and Wiesenfeld, K. , Self-Organized Criticality, *Physical Review*,Vol. ,38,No. 1,1988;364-374.

Casti,J. L. ,Complexity(EB/OL),*Encyclopedia Britannica*, 2003. http://www. britannica. com /eb/article? eu＝108252.

Cooksey, R. W. , What is Complexity Science? A Contextually Grounded Tapestry of Systemic Dynamism, Paradigm Diversity, Theoretical Eclecticism, and Organizational Learning, *Emergence*, Vol. 3, No. 1, 2001：77-103.

David,P. A. , Clio and the Economics of QWERTY, *American Economic Review*,Vol. 75,No. 2,1985；332-337.

Den. E. B. ,Complexity Science: A Worldview Shift,*Emergence* , Vol. 1, No. 4,1999:5-19.

Fuller T. ,and Moran,P. ,Moving Beyond Metaphor,*Emergence* , Vol. 2, No. 1,2000:50-71.

Goldstein,J. , Emergence as a Construct: History and Issues, *Emergence* , Vol. 1, No. 1,1999:49-72.

Gökuğ Morçöl, What is Complexity Science,Postmodernist or Postpositivist? *Emergence* ,Vol. 3,No. 1,2001:104-19.

Huttemann A. , & Terzidis,O. ,Emergence in Physics,*International Studies in the Philosophy of Science* ,Vol. 14,No. 3,2000:267-281.

Jacob,F. ,Evolution and Tinkering, *Science* ,1977,196:1661-1666.

Kolmogorov, A. N. , Three Approaches to the Definition of the Concept "Quantity of Information", *Problem of Information Transmission* , Vol. 1, No. 1,1965:1-7.

Lissack,Michael. R. ,Complexity:the Science its Vocabulary and its Relation to Organizations *Emergence* ,No. 1,1991:110-126.

Morin,E. ,A New Way of Thinking,*UNESCO Courier* ,No. 2,1996:10-14.

Schultes,E. A. , Presidential Politics: Constrained by Complexity? *Science* , 2000,290:933(in Letters).

Stine,G. C. , Skepticism, Relevant Alternatives, and Deductive Closure, *Philosophical Studies* ,No. 29,1976:249-261.

Strogatz S. H. ,Exploring Complex Networks,*Nature* ,2001,410:268-276.

Trochim,W. M. K. , and Cabrera,D. , The Complexity of Concept Mapping for Policy Analysis,*Emergence* , Vol. 7,No. 1,2005:11-22.

Watts,D. J. , and Strogatz, S. H. , Collective Dynamics of "Small-world" Networks, *Nature* , 1998, 393:440-442.

三、中文著作

〔法〕埃德加·莫兰:《复杂思想:自觉的科学》,陈一壮译,北京大学出版社 2001 年版。

〔法〕埃德加·莫兰:《复杂性思想导论》,陈一壮译,华东师范大学出版社 2008 年版。

〔法〕埃德加·莫兰:《迷失的范式:人性研究》,陈一壮译,北京大学出版社1999年版。

〔意〕艾柯等:《诠释与过度诠释》,王宇根译,生活·读书·新知三联书店1997年版。

〔美〕艾伦·索卡尔等:《"索卡尔事件"与科学大战》,蔡仲等译,南京大学出版社2002年版。

〔南非〕保罗·西利亚斯:《复杂性与后现代主义——理解复杂系统》,曾国屏译,上海世纪集团2006年版。

〔英〕彼得·切克兰德:《系统思想,系统实践(含30年回顾)》,闫旭辉译,人民出版社2018年版。

陈保亚:《20世纪中国语言学方法论》,山东教育出版社1999年版。

〔美〕黛博拉·J.本内特:《随机性》,严子谦、严磊译,吉林人民出版社2001年版。

丁圣彦主编:《生态学——面向人类生存环境的科学价值观》,科学出版社2004年版。

〔美〕E.N.洛伦兹:《混沌的本质》,刘式达等译,气象出版社1997年版。

〔美〕F.克拉默:《秩序与混沌——生物系统的复杂结构》,柯志杨、吴彤译,上海科技教育出版社2000年版。

范冬萍:《复杂系统突现论:复杂性科学和哲学的视野》,人民出版社2011年版。

郭元林:《复杂性科学知识论》,中国书籍出版社2013年版。

何兆熊:《语用学概要》,上海外语教育出版社1988年版。

黄欣荣:《复杂性科学的方法论研究》,重庆大学出版社2006年版.

黄欣荣:《复杂性科学与哲学》,中央编译出版社2007年版。

金吾伦:《生成哲学》,河北大学出版社2000年版。

〔英〕卡尔·波普尔:《猜想与反驳——科学知识的增长》,傅季重等译,上海译文出版社1986年版。

〔英〕卡尔·波普尔:《科学发现的逻辑》,查汝强、邱仁宗译,沈阳出版社1999年版。

〔德〕克劳斯·迈因策尔:《复杂性思维:物质、精神和人类的复杂动力学》,曾国屏译,中央编译出版社1999年版。

〔德〕克劳斯·迈因策尔:《复杂性思维:物质、精神和人类的计算动力学》,曾国屏、苏俊斌译,辞书出版社 2013 年版。

〔法〕勒内·托姆:《突变论:思想和应用》,周仲良译,上海译文出版社 1989 年版。

刘劲杨:《哲学视野中的复杂性》,湖南科技出版社 2008 年版。

刘劲杨:《当代整体论的形式分析》,西南交通大学出版社 2018 年版。

柳延延:《概率与决定论》,上海社会科学院出版社 1996 年版。

〔德〕路德维希·维特根斯坦:《哲学研究》,汤潮等译,生活·读书·新知三联书店 1992 年版。

〔德〕M. 艾根、P. 舒斯特尔:《超循环论》,曾国屏、沈小峰译,上海译文出版社 1990 年版。

〔美〕M. 盖尔曼:《夸克与美洲豹——简单性和复杂性的奇遇》,杨建邺等译,湖南科学技术出版社 1998 年版。

〔德〕马丁·海德格尔:《存在与时间》,陈嘉映等译,生活·读书·新知三联书店 1987 年版。

〔法〕马克斯·H. 布瓦索:《信息空间——认识组织、制度和文化的一种框架》,王寅通译,上海译文出版社 2000 年版。

〔英〕迈克尔·波兰尼:《个人知识:迈向后批判哲学》,许泽民译,贵州人民出版社 2000 年版。

〔美〕米歇尔·沃德罗普:《复杂》,陈玲译,生活·读书·新知三联书店 1997 年版。

苗东升:《开来学于今:复杂性科学纵横论》,光明日报出版社 2009 年版。

苗东升:《复杂性管窥》,中国书籍出版社 2020 年版。

〔美〕尼古拉斯·雷舍尔:《复杂性——一种哲学概观》,吴彤译,上海世纪集团 2007 年版。

〔美〕欧文·拉兹洛:《进化——广义综合理论》,闵家胤译,社会科学文献出版社 1988 年版。

〔美〕欧文·拉兹洛:《系统哲学引论——一种当代思想的新范式》,钱兆华、闵家胤译校,商务印书馆 1998 年版。

〔美〕欧文·拉兹洛编辑:《多种文化的星球》,戴侃、辛未译,社会科学文献出版社 2001 年版。

钱学森:《创建系统学》,山西科学技术出版社 2001 年版。

〔美〕S. A. 莱文:《脆弱的领地——复杂性与公有域》,吴彤、田小飞、王娜译,上海科技教育出版社 2006 年版。

〔美〕S. J. 普雷斯:《贝叶斯统计学》,廖文等译,中国统计出版社 1992 年版。

沈小峰:《混沌初开:自组织理论的哲学探索》,北京师范大学 1993 年版、2008 年版。

沈小峰、吴彤、曾国屏:《自组织的哲学》,中共中央党校出版社 1993 年版。

盛昭翰、蒋德鹏:《演化经济学》,上海三联书店 2002 年版。

世界银行:《1998/99 年发展报告:知识与发展》,中国财政经济出版社 1999 年版。

〔美〕斯图亚特·考夫曼:《宇宙为家》,李绍明、徐彬译,湖南科学技术出版社 2003 年版。

〔英〕亚当·肯顿:《行为互动:小范围相遇中的行为模式》,张凯译,社会科学文献出版社 2001 年版。

〔比〕伊利亚· 普里戈金:《从存在到演化——自然科学中的时间及复杂性》,曾庆宏、沈小峰等译,上海科学技术出版社 1986 年版。

〔美〕约翰·霍根:《科学的终结》,孙雍君等译,远方出版社 1997 年版。

〔英〕约翰·齐曼:《真科学》,曾国屏等译,上海科技教育出版社 2003 年版。

〔美〕约瑟夫·劳斯:《知识和权力——走向科学的政治哲学》,盛晓明等译,北京大学出版社 2004 年版。

〔美〕约瑟夫·劳斯:《涉入科学:如何在哲学上理解科学实践》,戴建平译,苏州大学出版社 2010 年版。

王寿云、于景元、戴汝为等:《开放的复杂巨系统》,浙江科学技术出版社 1996 年版。

魏宏森、曾国屏:《系统论——系统科学哲学》,清华大学出版社 1995 年版。

魏宏森:《复杂性系统的理论与方法研究探索》,内蒙古人民出版社 2008 年版。

邬建国:《景观生态学——格局、过程、尺度与等级》,高等教育出版社 2000 年版。

吴彤:《生长的旋律——自组织演化的科学》,山东教育出版社 1996 年版。

吴彤:《自组织的方法论研究》,清华大学出版社 2001 年版。

谢惠民:《复杂性与动力系统》,上海科技教育出版社 1994 年版。

颜泽贤、陈忠、胡皓等主编:《复杂系统演化论》,人民出版社 1993 年版。

颜泽贤、范冬萍、张华夏:《系统科学导论:复杂性探索》,人民出版社 2006

年版。

殷鼎：《理解的命运》，生活·读书·新知三联书店1988年版。

中国科学院复杂性研究编委会：《复杂性研究》，科学出版社1993年版。

曾国屏：《自组织的自然观》，北京大学出版社1996年版。

张首映：《西方二十世纪文论史》，北京大学出版社1999年版。

张效祥主编：《计算机科学技术百科全书》，清华大学出版社1998年版。

赵凯荣：《复杂性哲学》，中国社会科学出版社2001年版。

四、中文期刊文献

车铭洲："后现代精神的演化"，《南开学报》1999年第5期。

谷超豪："非线性现象的个性和共性"，《科学》1992年第3期。

方锦清、汪小帆、刘曾荣："略论复杂性问题和非线性复杂网络系统的研究"，《科技导报》2004年第2期。

郝柏林："复杂性的刻画与'复杂性科学'"，《科学》1999年第3期。

勒内-贝尔热："欢腾的虚拟：复杂性是升天还是入地"，《第欧根尼》1997年第2期。

林德宏："辩证法：复杂性的哲学"，《江苏社会科学》1997年第5期。

刘劲杨："穿越复杂性丛林——复杂性研究的四种理论基点及其哲学反思"，《中国人民大学学报》2004第5期。

刘劲杨："论整体论与还原论之争"，《中国人民大学学报》2014年第3期。

沈小峰："试论简单性与复杂性范畴"，《北京师范大学学报》（社会科学版）1982第4期。

晓端："复杂性与不确定性——人性与国际关系（三）"，《世界经济与政治》2000年第6期。

肖鸿："试析当代社会网研究的若干进展"，《社会学研究》1999年第3期。

谢中立："社会的复杂性：社会学家的视野"，《系统辩证学学报》2001年第4期。

徐寿怀等："一个自授权系统及问题的知识复杂性"，《软件学报》1999年第2期。

〔日〕盐泽由典："制度经济研究中的复杂性"，《经济纵横》1995年第4期。

〔日〕野中郁次郎："知识创新型企业"，载德鲁克等：《知识管理》（哈佛商业评论精粹译丛），中国人民大学出版社、哈佛商学院出版社1999年版。

吴彤:"复杂性研究的若干哲学问题",《自然辩证法研究》2000 年第 1 期。

吴彤:"分类和分岔:知识和科学自组织起源的探索",《自然辩证法通讯》2000 年第 6 期。

吴彤:"科学哲学视野中的客观复杂性",《系统辩证学学报》2001 年第 4 期。

吴彤:"略论认识论意义复杂性",《哲学研究》2002 年第 5 期。

吴彤:"论复杂性与随机性的关系",《自然辩证法通讯》2002 年第 2 期。

吴彤、于金龙:"科尔莫哥洛夫:复杂性研究的逻辑建构过程评述",《自然辩证法研究》2003 年第 9 期。

吴彤:"论复杂性概念研究及其意义",《中国人民大学学报》2004 年第 5 期。

吴彤:"复杂网络研究的哲学意义",《哲学研究》2004 年第 8 期。

吴彤、吴为:"后现代视野中的文本复杂性",《江苏行政学院学报》2002 年第 1 期。

吴金闪、狄增如:"从统计物理学看复杂网络研究",《物理学进展》2004 年第 1 期。

张聚:"索克尔事件概述",《自然辩证法研究》2000 年第 6 期。

周守仁:"现代科学意义下的复杂性概念",《大自然探索》1997 年第 4 期。

五、学位论文

郭元林:"复杂性科学知识论",中国社科院博士学位论文(2003),中国优秀博硕士学位论文库。

黄欣荣:"复杂性科学是方法论研究",清华大学博士学位论文(2005),中国优秀博硕士学位论文库。

梅可玉:"复杂性视野下的路径依赖思想研究",清华大学硕士学位论文(2004),中国优秀博硕士学位论文库。

谢爱华:"'突现论'中的哲学问题",中国社科院博士学位论文(2000),中国优秀博硕士学位论文库。

后　记

本书曾经于 2008 年出版,12 年过去了,毕竟关于复杂性科学和哲学的研究又有不少进展。而本书当时的研究,并没有也不可能涵盖后来的发展。修订版给了我一个机会,重新审查自己的研究,并补充新的进展与新的思想。

关于引言,补充了两点:(1)关于复杂性研究在 21 世纪前 20 年产生的影响;(2)一些国内外关于复杂性研究的状况。例如,我补充了卡斯特兰尼(Brian Castellani)的"复杂性科学地图"(2018),该地图就像"智取威虎山"里的联络图一样(有超链接,可以链接贡献者及其相关文献),描绘了复杂性科学发展的五条研究进路和相应的贡献者及其文献和研究方向等,通过该地图可以搜索到很多复杂性研究的学者、文献、团队、机构与研究方向。该地图相当于我们新补充的国外文献的研究状况之一。

关于第一章,补充了德国系统哲学家克劳斯·迈因策尔的非线性复杂思维观点、诺贝尔奖得主西蒙的分层复杂性概念、拉兹洛的复杂性思想、英国系统方法论家切克兰德的"软系统思维"方法观点。新加了中国哲学领域的复杂性概念研究,在其中增加了 2008 年以后的一些新研究文献与学者的观点。

我本来还想多做修改,但在修订期间突发脑梗,无力再做进一步的修订。好在本书的核心部分和观念都没有过时,一些案例研究可能需要进一步深入。作为补偿,我把我已经发表的"破碎的系统观"(2010)放在附录里。这表明我的复杂性的科学哲学研究原有的实在论、认识论等已经融合为一种存在论意义上的一贯观点,这篇文章和后续的"整体与破碎"文章(2011)引起了学界的一些争论,还是很有意义的。① 这些重要的观点已经被生态多样性的生态文明建设、扶贫攻坚的地方性特征、坚持文化多样性和处理国际事务上采取多边主义立场、观点的意义所证明。

吴彤

2020 年 11 月 12 日

---

① 读者还可通过"中国知网"进一步了解我近年来关于"复杂性"科学哲学研究的更后续的一些工作,以作为本书后面继续发展的观点、思想与立场。